中等职业学校示范校建设成果教材

机械零件的自动编程与加工

主　编　游贤容
副主编　冯　丹　范代孚　冯　刚

机 械 工 业 出 版 社

本书针对“CAXA 数控车 2011 大赛专用版”和“CAXA 制造工程师 2011 大赛专用版”进行全面介绍。本书采用情境教学法，全面体现职业教育的特色，内容由浅入深，操作步骤简单清晰，将实例与习题相结合，注重对学生实践能力和创新意识的培养。本书内容包括 CAXA 数控车软件绘制轴类零件、CAXA 数控车软件加工、CAXA 制造工程师软件绘制平面零件、CAXA 制造工程师软件实体特征造型、CAXA 制造工程师软件的曲面造型、CAXA 制造工程师软件的自动编程。

本书可作为中等职业学校数控技术应用、机械、模具类专业的理实一体化教材，也可作为 CAXA 自动编程人员的培训资料。

图书在版编目（CIP）数据

机械零件的自动编程与加工/游贤容主编．—北京：机械工业出版社，2014.5

中等职业学校示范校建设成果教材

ISBN 978-7-111-47240-7

Ⅰ.①机…　Ⅱ.①游…　Ⅲ.①机械元件-计算机辅助设计-应用软件-程序设计-中等专业学校-教材②机械元件-加工-中等专业学校-教材　Ⅳ.①TH13

中国版本图书馆 CIP 数据核字（2014）第 147203 号

机械工业出版社（北京市百万庄大街 22 号　邮政编码 100037）
策划编辑：张云鹏　责任编辑：张云鹏　王海霞
版式设计：霍永明　责任校对：张玉琴
封面设计：马精明　责任印制：李　洋
北京华正印刷有限公司印刷
2014 年 9 月第 1 版第 1 次印刷
184mm×260mm · 8 印张 · 181 千字
0 001—1 500 册
标准书号：ISBN 978-7-111-47240-7
定价：23.00 元

凡购本书，如有缺页、倒页、脱页，由本社发行部调换

电话服务	网络服务
社服务中心：（010）88361066	教材网：http://www.cmpedu.com
销售一部：（010）68326294	机工官网：http://www.cmpbook.com
销售二部：（010）88379649	机工官博：http://weibo.com/cmp1952
读者购书热线：（010）88379203	**封面无防伪标均为盗版**

前　言

本书主要以实例操作的形式介绍了 CAXA 数控车、CAXA 制造工程师 2011 软件大赛版的操作方法和使用技巧。本书以工作过程为导向，以常见典型零件结合教学需求提升后的案例为载体，采用任务驱动的方式组织内容。每个学习情境都是由学习目标、任务布置、任务实施、任务测评和强化练习组成，内容由简单到复杂、由单一到综合，图文并茂地引导读者由浅入深地对 CAXA 软件展开系统性的学习，全面掌握 CAXA 软件的数控加工技术。

本书立足于工程实践，书中所采用的实例大都来自真实的加工实践。在编写形式上，本书注重数控加工方法和理论与数控操作实践的结合，以求提高综合的实体造型和数控加工能力。

本书由重庆市工业学校游贤容担任主编，冯丹、冯刚及杜塞科技公司的范代孚担任副主编。此外，王闲平、王光全、虞文怀、胡勇也参与了本书的编写。

本书在编写过程中，得到了学校各级领导及企业技术人员的大力支持，在此一并表示衷心的感谢！

由于时间仓促，加之编者水平和经验有限，书中难免有欠妥和错误之处，恳请读者批评指正。

编　者

目　　录

学习情境一　CAXA 数控车软件绘制轴类零件

任务一　CAXA 数控车软件绘制图框

一、学习目标

能力目标：能独立完成 CAXA 数控车软件的安装与卸载，并完成图框的绘制。

知识目标：学习 CAXA 数控车软件的运行、文件操作和设置的操作方法，同时初步掌握 CAXA 数控车软件界面的组成及其功能。

二、任务布置

完成 CAXA 数控车软件的安装，并完成图 1-1 所示图框的绘制。

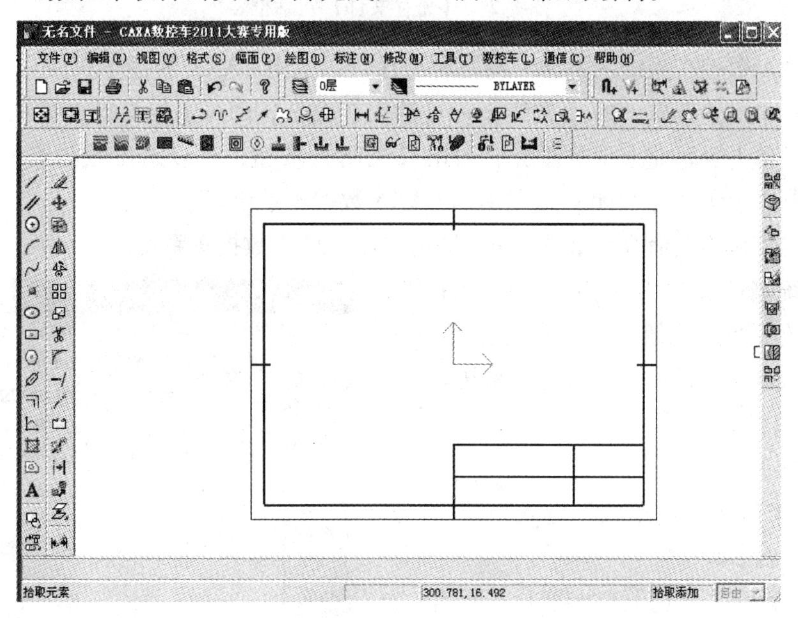

图 1-1　图框

三、任务实施

1. CAXA 数控车软件的启动、文件存盘及退出操作

（1）CAXA 数控车软件的启动　有三种方法可以运行 CAXA 数控车软件。

方法一：正常安装完成时，在 Windows 桌面会出现“CAXA 数控车”的图标，双击“CAXA 数控车”图标就可以运行软件。

方法二：单击桌面左下角的【开始】→【程序】→【CAXA 数控车 2011】→【CAXA 数控车】运行软件。

方法三：数控车的安装目录 CAXALATHE \ bin 下有一个“Lathe. exe”文件，双击它即可运行软件。一般用前两种方式，第三种方式用得较少。

(2) CAXA 数控车文件存盘　选择主菜单中的【文件】→【存储文件】或【另存文件】，或者按按钮，系统弹出【另存文件】对话框，如图 1-2 所示，指定文件路径，给出文件名，单击【保存】按钮即可完成文件存盘。

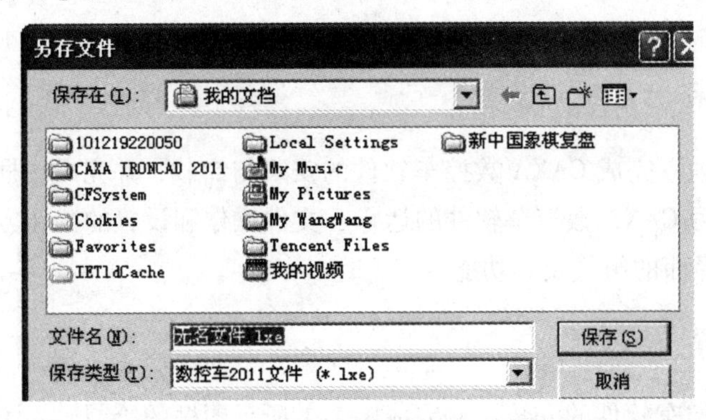

图 1-2　【另存文件】对话框

(3) CAXA 数控车系统的退出　有三种方法可以退出 CAXA 数控车软件。

方法一：单击主菜单中的【文件】→【退出】命令，即可退出 CAXA 数控车系统。

方法二：单击屏幕左上角的图标，弹出【关闭】按钮，可以退出数控车系统；也可以直接单击屏幕右上角的【关闭】按钮退出 CAXA 数控车系统。

方法三：直接输入命令 quit 或 exit，即可退出 CAXA 数控车系统。

如果系统当前文件没有存盘，则会弹出一个【确认】对话框，系统提示用户是否要存盘，对对话框提示作出选择后，即可退出系统。

2. 图框的绘制

(1) 直接调入

1) 启动 CAXA 数控车软件进入系统后，默认新建一个文件。

2) 单击菜单【幅面】，如图 1-3 所示，首先进行图幅设置，如图 1-4 所示。

3) 根据图纸的具体大小进行图纸幅面的设置后，再调入相应的标题栏及图框，然后填写标题栏，即可完成图框的绘制，如图 1-1 所示。注意：填写标题栏时可以利用菜单填写，也可以运用文字输入填写。

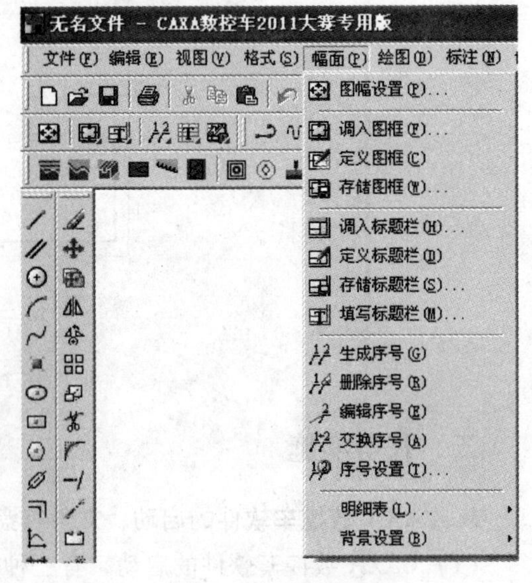

图 1-3　幅面的选择

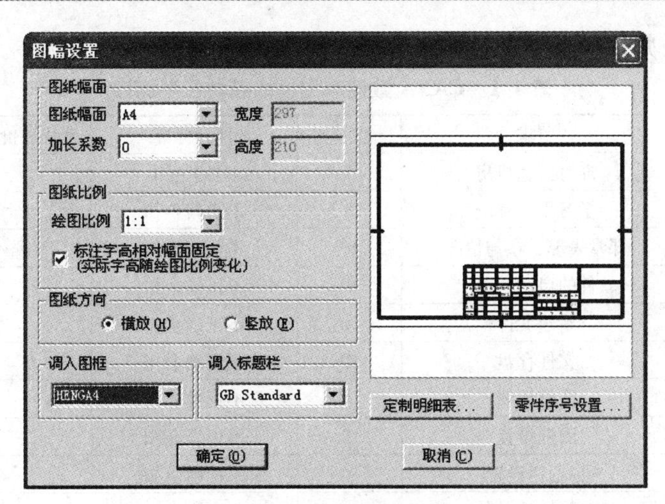

图 1-4　图幅设置

（2）手动绘制

1）利用直线功能绘制图框。

2）单击主菜单【绘图】→【直线】，设置【两点线】→【连续】→【正交】→【点】方式（输入点坐标）或【长度】方式（输入直线长度）。

3）单击【文字】按钮，进行文字标注与编辑，输入标题栏的文字。

3. 常用键的含义及功能热键

（1）常用键的含义

鼠标键：鼠标左键可以用来激活菜单，确定点的位置，拾取元素等；鼠标右键用来确认拾取，结束操作，终止命令和打开快捷菜单等；鼠标中键用于显示平移。

回车键：用于结束命令或重复输入上一条命令。

空格键：在输入点时，按空格键可以弹出工具菜单，如图 1-5 所示。

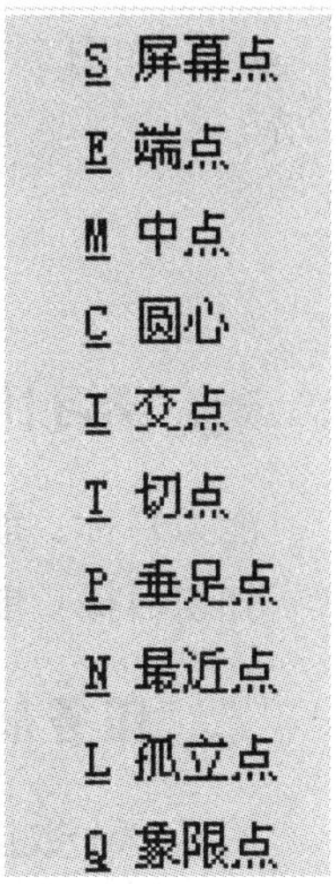

S 屏幕点
E 端点
M 中点
C 圆心
I 交点
T 切点
P 垂足点
N 最近点
L 孤立点
Q 象限点

图 1-5　工具菜单

（2）功能热键

【F1】：系统帮助。

【F2】：草图器，用于进行草图状态与非草图状态的切换。

【F3】：全局观察。

【F4】：重画。

【F5】：切换到 *XOY* 平面。

【F6】：切换到 *YOZ* 平面。

【F7】：切换到 *XOZ* 平面。

【F8】：显示轴测图。

【F9】：切换当前作图平面，重复按【F9】，可以在三个平面之间进行切换。

四、任务测评

任务测评主要从课堂纪律、学习情况和安全文明三个方面进行，评价方式采用自我评

价、小组评价及教师评价，见表1-1。

表1-1 CAXA数控车图框的绘制任务测评

项目	要求	配分	评分标准	自我评价	小组评价	教师评价
课堂纪律	准时到达机房	5	迟到全扣			
	学习用具齐全	5	不合格全扣			
	课堂表现、参与情况	10	不认真全扣			
CAXA数控车软件学习情况	软件的启动、退出	10	不正确全扣			
	新建文件	10	不正确全扣			
	文件存盘	10	不正确全扣			
	图幅设置	10	不正确全扣			
	图框设置	10	不正确全扣			
	标题栏设置	10	不正确全扣			
安全文明	正确操作设备	10	不合格全扣			
	清洁卫生	10	不合格全扣			

五、强化练习

1. 通过查阅资料等方式，回答以下问题。

（1）CAXA数控车软件是什么类型的软件？

（2）列举三种常用的CAD/CAM软件。

2. 完成本任务的理论学习，并回答以下问题。

（1）CAXA数控车2011软件的安装与卸载是怎样完成的？

（2）CAXA数控车2011软件有哪些主要功能？

（3）在图1-1上标出CAXA数控车2011软件界面的组成。

任务二　用CAXA数控车软件绘制阶梯轴

一、学习目标

能力目标：能分析零件图样，能运用CAXA数控车软件绘制简单阶梯轴。

知识目标：能掌握CAXA数控车软件的常用功能，能较熟练地绘制零件图。

二、任务布置

用CAXA数控车软件绘制图1-6所示的阶梯轴。

三、任务实施

1. 绘制直线

以工件右端面的中心为工件坐标系原点。单击主菜单中的【绘图】→【直线】，或者操作【绘图工具】工具栏里的直线图标，选择【立即菜单】中【两点线】中的【连续】、【非

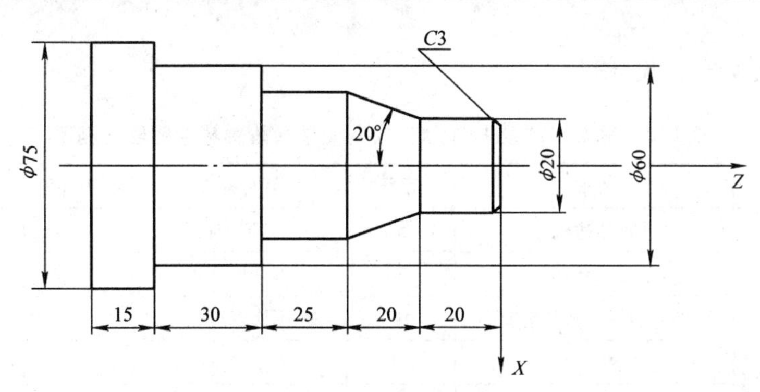

图 1-6　阶梯轴

正交】方式，根据状态栏提示，依次输入坐标：(0，10)，(－20，10)，(－40，17.729)，(－65，17.729)，(－65，30)，(－95，30)，(－95，37.5)，(－110，37.5)，(－110，0)。单击右键确定或按回车确定，结束直线的绘制，如图 1-7 所示。

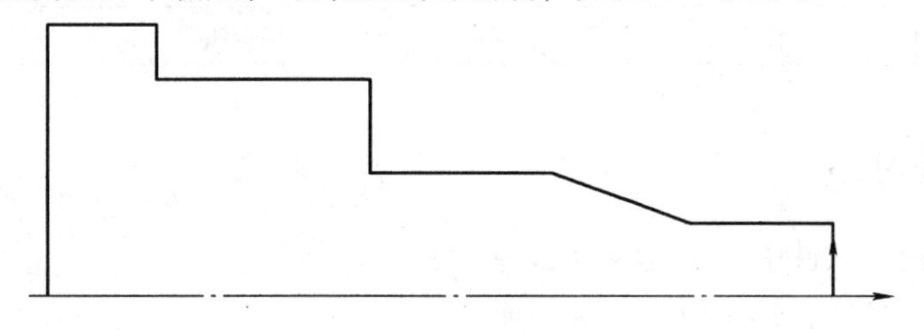

图 1-7　绘制直线

2. 平面镜像

单击主菜单中的【修改】→【镜像】，或者单击工具栏里的【镜像】按钮，在【立即菜单】中选择【拷贝】，根据状态栏提示依次选取要镜像的直线段，单击右键，拾取镜像的直线（中心线），然后单击右键确定。完成图 1-7 所示图形的镜像操作，结果如图 1-8 所示。

3. 倒角

单击【编辑】工具栏中的【过渡】工具，在【立即菜单】中选择“倒角”，并在“角度”和“距离”栏中分别输入“45”和“3”，即可完成倒角功能。

4. 绘制直线

单击主菜单中的【绘图】→【直线】，或者操作【绘图工具】工具栏里的直线图标，在【立即菜单】中选择【两点线】中的【单个】、【正交】方式，拾取点绘制直线，完成整个图形的绘制，如图 1-9 所示。

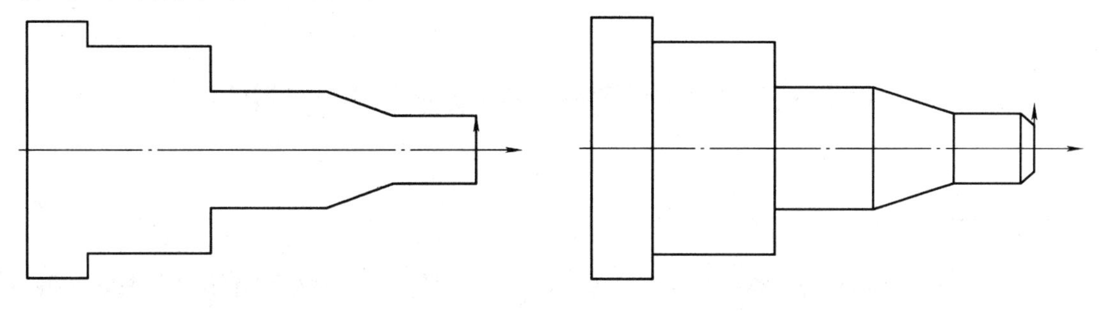

图 1-8　镜像操作结果　　　　图 1-9　绘制结果

四、任务测评（见表1-2）

表1-2　用CAXA数控车软件绘制简单台阶轴零件图任务测评

项目	要求	配分	评分标准	自我评价	小组评价	教师评价
课堂纪律	准时到达机房	5	迟到全扣			
	学习用具齐全	5	不合格全扣			
	课堂表现、参与情况	10	不认真全扣			
CAXA数控车软件学习情况	功能热键的使用	10	不正确全扣			
	直线的绘制	20	不正确全扣			
	平面镜像操作	20	不正确全扣			
	倒角	10	不正确全扣			
安全文明	正确操作设备	10	不合格全扣			
	清洁卫生	10	不合格全扣			

五、强化练习

1. CAXA数控车软件中绘制直线有哪些方法？
2. 绘制轴类零件时，还可以用什么简便方法？
3. 用CAXA数控车软件绘制图1-10和图1-11所示的零件图。

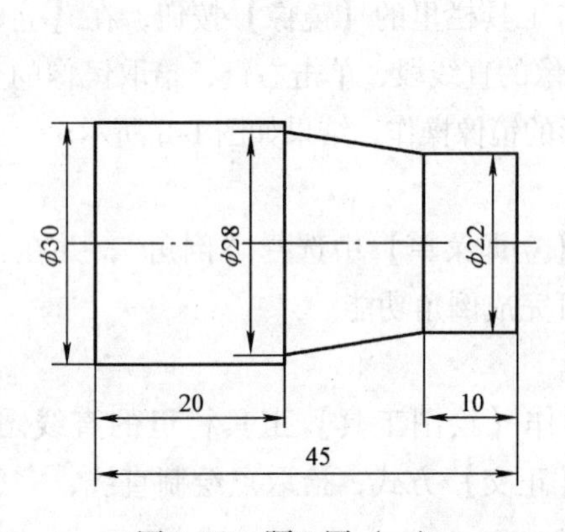

图1-10　题3图（一）

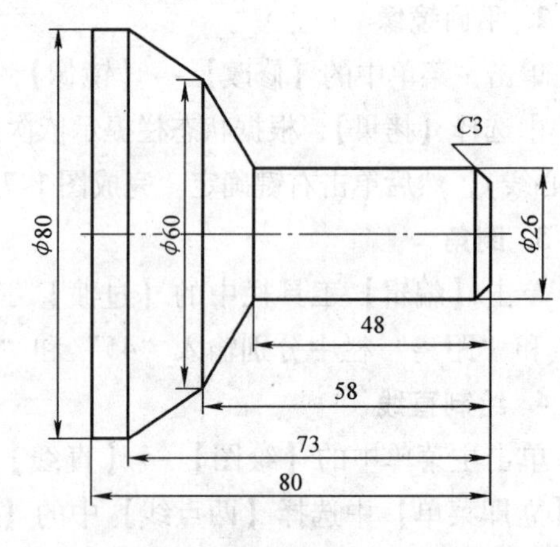

图1-11　题3图（二）

任务三　造型实例——手柄零件图的绘制

一、学习目标

能力目标：熟悉CAXA数控车软件的操作界面，掌握直线绘制功能，掌握图形的编辑与修改功能。

知识目标：学习 CAXA 数控车软件的运行、文件操作和设置的操作方法，巩固 CAXA 数控车软件界面的组成及图框的绘制。

二、任务布置

用 CAXA 数控车软件绘制图 1-12 所示的手柄零件图。

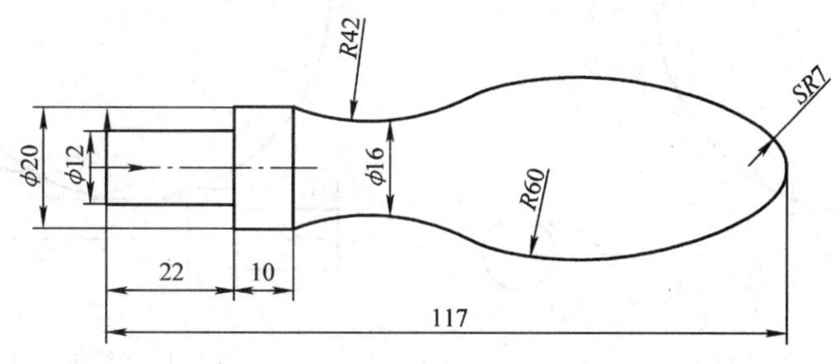

图 1-12 手柄零件图

三、任务实施

1）单击主菜单中的【绘图】→【孔/轴】，或者操作【绘图工具】工具栏里的【高级曲线】功能，在【立即菜单】中单击【孔/轴】命令，生成的图形如图 1-13 所示。

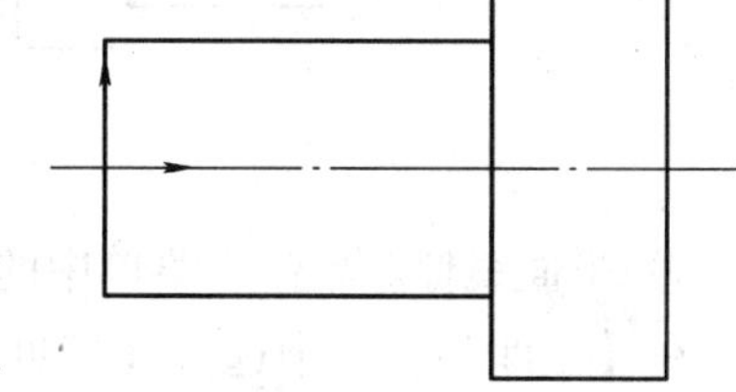

图 1-13 绘制轴

2）单击主菜单中的【绘图】→【等距线】，或者操作【绘图工具】工具栏里的【基本曲线】功能，在【立即菜单】中单击【等距线】命令，以工件最左端为基准，向右偏移 117mm，确定 *SR*7mm 的圆心和以中心线为基准向上偏移 8mm 确定 *R*42mm 的切点。然后单击主菜单中的【绘图】→【圆】→【圆心 + 半径】绘制 *SR*7mm 圆，如图 1-14 所示。

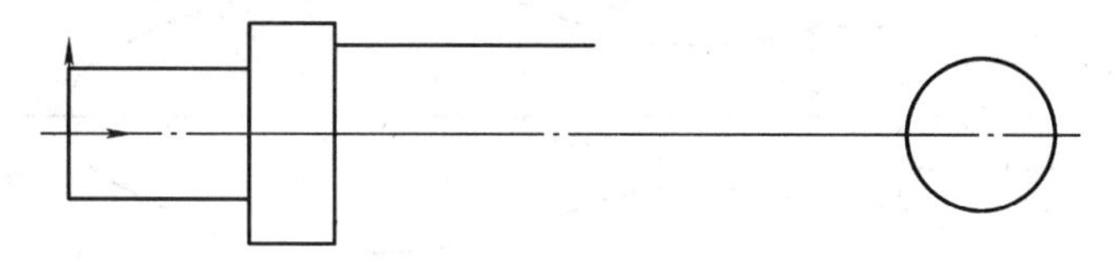

图 1-14 绘制 *SR*7mm 圆

3）单击主菜单中的【绘图】→【圆】，或者操作【绘图工具】工具栏里的【基本曲线】功能，在【立即菜单】中单击【圆】命令，以“两点 + 半径”方式绘制 *R*42mm 圆，如图 1-15 所示。

4）单击主菜单中的【绘图】→【圆弧】，或者操作【绘图工具】工具栏里的【基本曲线】功能，在【立即菜单】中单击【圆弧】命令，以“两点 + 半径”方式绘制 *R*60mm 圆弧（分别与 *SR*7mm 和 *R*42mm 圆弧相切），如图 1-16 所示。

5）单击主菜单中的【修改】→【裁剪】和【删除】，或者操作【绘图工具】工具栏里的【曲线编辑】功能，在【立即菜单】中单击【裁剪】命令和在工具菜单中单击【删除】

命令，裁剪和删除多余部分，如图 1-17 所示。

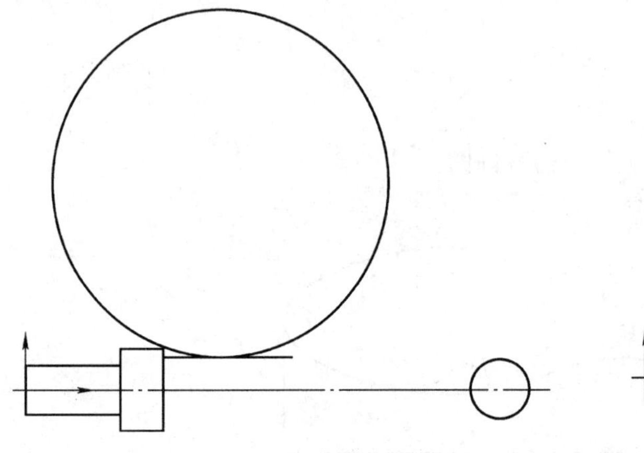
图 1-15　绘制 $R42$mm 圆

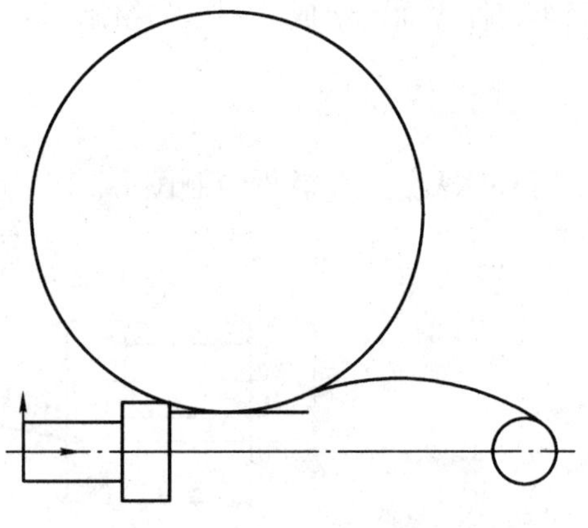
图 1-16　绘制 $R60$mm 圆弧

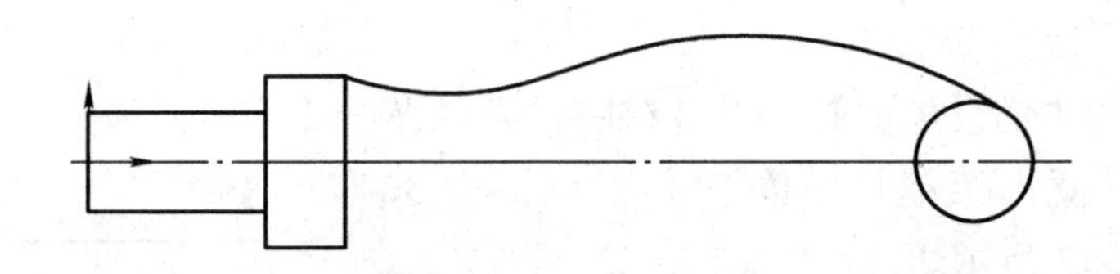
图 1-17　裁剪和删除多余部分

6）平面镜像。单击主菜单中的【修改】→【镜像】，或者单击工具栏里的【镜像】按钮，在【立即菜单】中选择【拷贝】选项，根据状态栏提示依次选取要镜像的直线段，单击右键，拾取要镜像的直线（中心线），单击右键确定。完成图 1-17 所示图形的镜像操作，结果如图 1-18 所示。

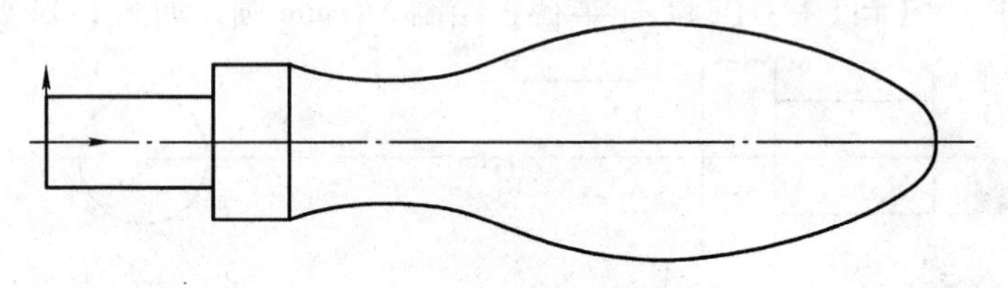
图 1-18　镜像操作结果

四、任务测评（见表 1-3）

表 1-3　手柄零件图的绘制任务测评

项目	要求	配分	评分标准	自我评价	小组评价	教师评价
课堂纪律	准时到达机房	5	迟到全扣			
	学习用具齐全	5	不合格全扣			
	课堂表现、参与情况	10	不认真全扣			

（续）

项目	要求	配分	评分标准	自我评价	小组评价	教师评价
CAXA 数控车软件学习情况	圆和圆弧的绘制	20	不正确全扣			
	等距线的应用	10	不正确全扣			
	曲线裁剪操作	20	不正确全扣			
	样条曲线的应用	10	不正确全扣			
安全文明	正确操作设备	10	不合格全扣			
	清洁卫生	10	不合格全扣			

五、强化练习

1. 怎样用 CAXA 数控车软件绘制有圆弧和角度的封闭图形？

2. 怎样用 CAXA 数控车软件绘制圆弧连接？

3. CAXA 数控车软件绘制圆和圆弧有哪些方法？

4. CAXA 数控车软件在生成弧的功能中提供了哪几种方式，使所生成弧所在的平面均平行于当前平面？

5. 【曲线生成】模块中有哪些功能？

6. 利用 CAXA 数控车软件绘制图 1-19 和图 1-20 所示的图形。

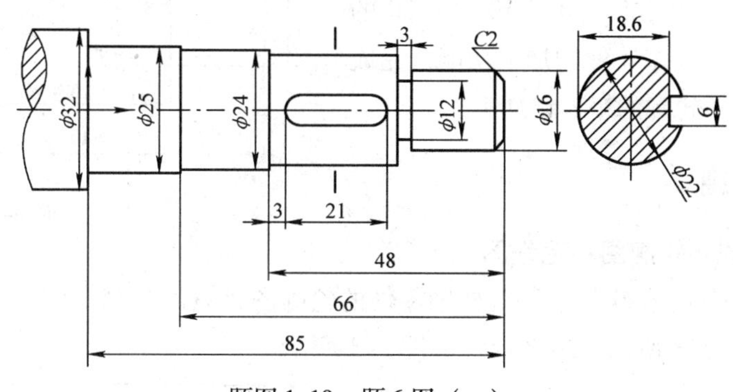

题图 1-19　题 6 图（一）

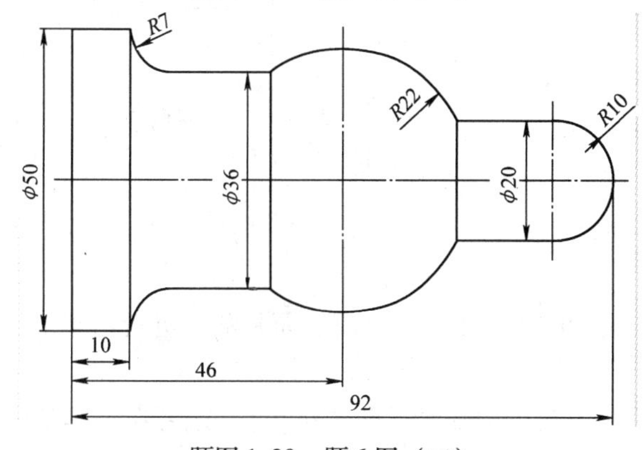

题图 1-20　题 6 图（二）

学习情境二　CAXA 数控车软件加工

任务一　轮廓的粗车和精车

一、学习目标

能力目标：完成零件图绘制，轮廓粗、精加工的参数设置及后置处理。

知识目标：学习轮廓粗、精加工的参数（加工参数，进、退刀方式，车刀选择等）设置方法，以及机床参数设置、程序处理等。

二、任务布置

加工图 2-1 所示的阶梯轴。毛坯为 ϕ35mm × 45mm 的 45 钢。工件坐标系原点设置在零件右端面的回转中心处，换刀点设置在 X100、Z100 的位置。使用 CAXA 数控车软件的加工功能，完成零件的几何造型和外轮廓的粗、精加工。

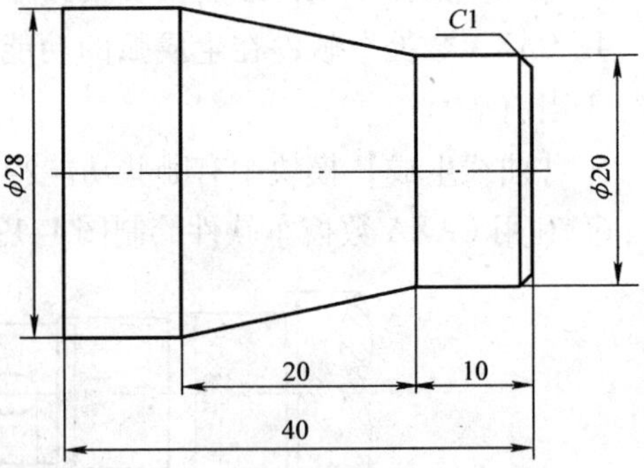

图 2-1　阶梯轴

三、任务实施

1. 绘制零件的外轮廓图和毛坯图

首先用 CAXA 数控车软件绘制阶梯轴零件的轮廓图，只需绘制出要加工的外轮廓和毛坯的上半部分，如图 2-2 所示。毛坯尺寸如图 2-3 所示。

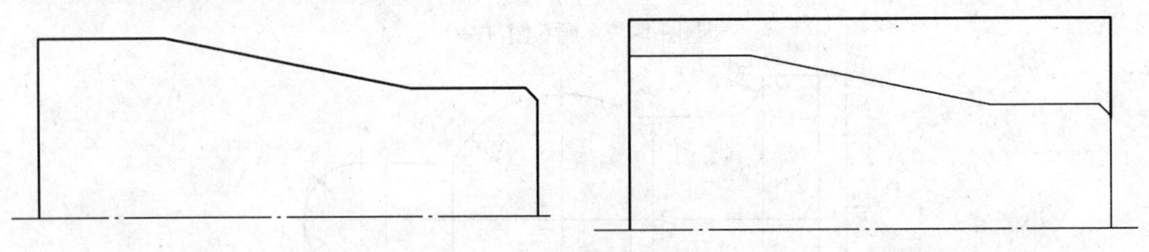

图 2-2　轮廓图　　图 2-3　毛坯尺寸

2. 轮廓粗车

轮廓粗车是指对工件外轮廓表面、内轮廓表面和端面进行粗车加工，快速去除毛坯多余部分的加工过程。

在【数控车】菜单的子菜单中选取【轮廓粗车】，或者在工具条中单击图标，系统弹出【粗车参数表】对话框，如图 2-4 ~ 图 2-7 所示。按实际加工要求设置粗加工参数，注意粗加工时加工余量不能为 0。

（1）加工参数设置（图 2-4）

1）加工表面类型。

外轮廓：采用外轮廓车刀，默认加工方向角度为 180°，与 X 轴正方向的夹角为 0°。

内轮廓：采用内轮廓车刀，默认加工方向角度为 180°，与 X 轴正方向的夹角为 0°。

车端面：采用外端面车刀，默认加工方向角度为 -90°或 270°，与 X 轴正方向的夹角为 0°。

2）加工参数。

加工精度：对于直线和圆弧，机床可以精确地加工，机床将按给定的加工精度把样条曲线转化成直线段处理。

加工角度：刀具切削方向与机床 Z 轴正方向间的夹角。

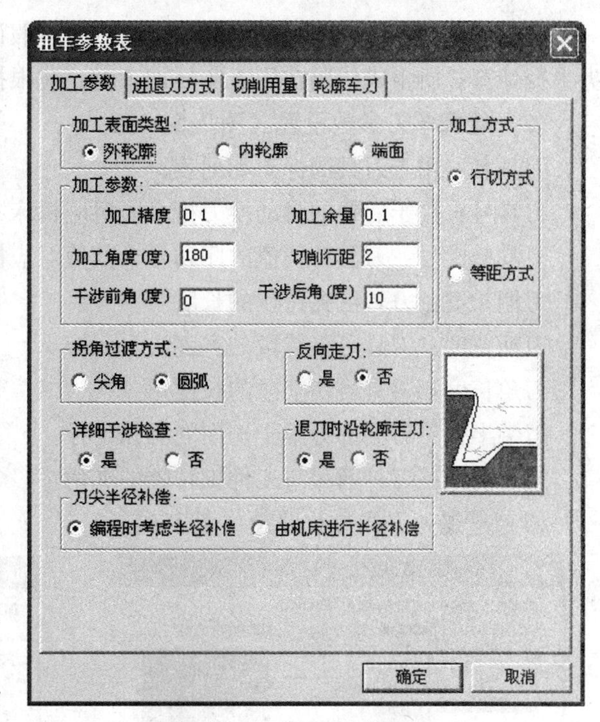

图 2-4　【加工参数】栏

干涉前角：作前角干涉检查时，确定干涉检查的角度。

干涉后角：作后角干涉检查时，确定干涉检查的角度。

加工余量：加工结束后，加工表面与最终加工结果相比的剩余量。

3）拐角过渡方式。

圆弧：在切削过程中遇到拐角时，刀具从轮廓的一边到另一边的过程中以圆弧方式过渡。

尖角：在切削过程中遇到拐角时，刀具从轮廓的一边到另一边的过程中以尖角方式过渡。

4）反向走刀。

否：刀具按默认方向走刀，即刀具从机床 Z 轴正向向 Z 轴负向移动。

是：刀具按与默认方向相反的方向走刀。

5）详细干涉检查。

否：假定刀具前、后干涉角均为 0°，对凹槽部分不作加工。

是：加工凹槽时，用定义的干涉角度检查加工中是否有刀具前角及底切干涉，并按定义的干涉角度生成无干涉的切削轨迹。

6）退刀时沿轮廓走刀。

否：刀位行首末直接进退刀，不加工行与行之间的轮廓。

是：两刀位行之间如果有一段轮廓，则在后一刀位行之前、之后增加对行之间轮廓的加工。

7）刀尖半径补偿。

编程时考虑半径补偿：生成的代码即为已考虑半径补偿的代码，机床无需再进行刀尖半径补偿。

由机床进行半径补偿：在生成加工轨迹时，假设刀尖半径为0，按轮廓编程，不进行刀尖半径计算。所生成代码在用于实际加工时，应根据实际刀尖半径由机床指定补偿值。

(2) 轮廓车刀参数设置（图2-5）

刀具名：用于刀具的标识和列表。

刀具号：用于后置的自动换刀指令。对应机床刀库的刀号。

刀具补偿号：刀具补偿值的序列号，其值对应机床的数据库。

刀柄长度：刀具可夹持段的长度。

刀柄宽度：刀具可夹持段的宽度。

刀角长度：刀具可切削段的长度。

刀尖半径：刀尖部分用于切削的圆弧半径。

刀具前角：刀具前刃与工件旋转轴的夹角。

(3) 进退刀方式参数设置（图2-6）

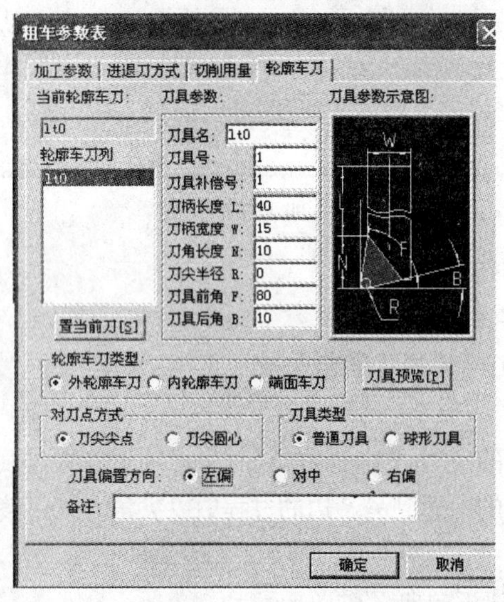

图2-5 【轮廓车刀】栏

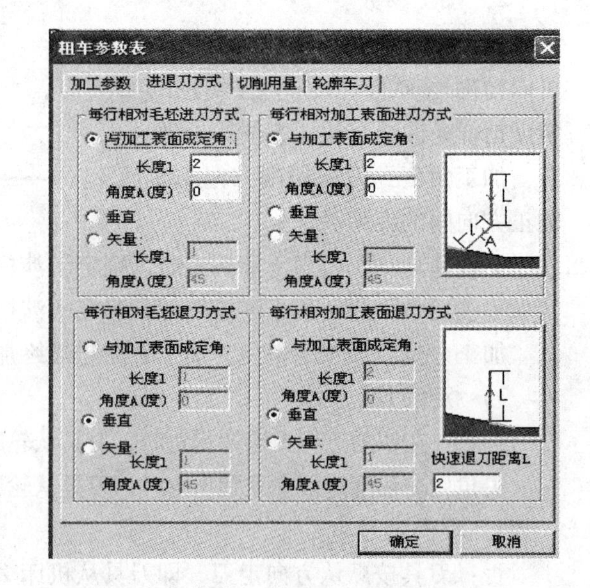

图2-6 【进退刀方式】栏

1) 进刀方式。

与加工表面成定角：在每一切削行前加一段与轨迹切削方向成一定角度的进刀段，刀具垂直进刀到该进刀段的起点，再沿该进刀段进刀至切削。角度定义该进刀段与轨迹切削方向的夹角，长度定义该进刀段的长度。

垂直：刀具直接进刀到每一切削行的起始点。

矢量：在每一切削行前加入一段与系统 X 轴（机床 Z 轴）正方向成一定夹角的进刀段。

2) 退刀方式。

与加工表面成定角：在每一切削行后加一段与轨迹切削方向成一定角度的退刀段，刀具先沿该退刀段退刀，再从该退刀段的末点开始垂直退刀。角度定义该退刀段与轨迹切削方向的夹角，长度定义该退刀段的长度。

垂直：刀具直接退刀到每一切削行的终点。

矢量：在每一切削行后加入一段与系统 X 轴（机床 Z 轴）正方向成一定夹角的退刀段。

（4）切削用量设定（图 2-7）

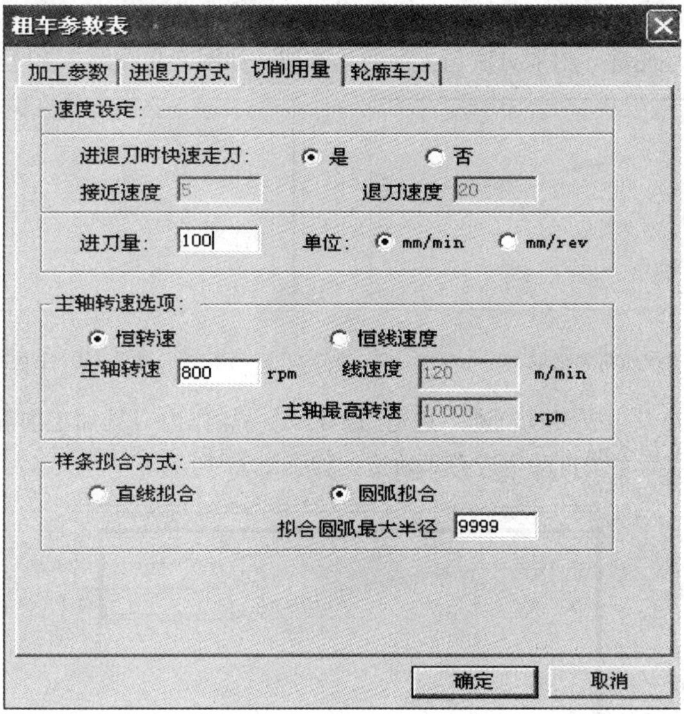

图 2-7　【切削用量】栏

1）速度设定。

进退刀时快速走刀：根据加工的实际情况选择进、退刀时是否快速走刀。

进给量：可以选择毫米/分（mm/min）或毫米/转（mm/r）

2）主轴转速选项。机床主轴旋转的速度。

3）样条拟合方式。

直线：对加工轮廓中的样条线，根据给定的加工精度用直线段进行拟合。

圆弧：对加工轮廓中的样条线，根据给定的加工精度用圆弧段进行拟合。

（5）拾取轮廓　系统提示用户选择轮廓线拾取轮廓，单击参数表中的【确认】按钮后，系统自动弹出链拾取工具菜单，提示拾取被加工工件的表面轮廓。菜单提供三种提取方式，即单个拾取、链拾取、限制链拾取，系统默认为限制链拾取。

当拾取第一条轮廓线后，此轮廓线变为红色的虚线。系统给出提示：选择方向，要求用户选择一个方向，此方向只表示拾取轮廓的方向，与刀具的加工方向无关，如图 2-8 所示。

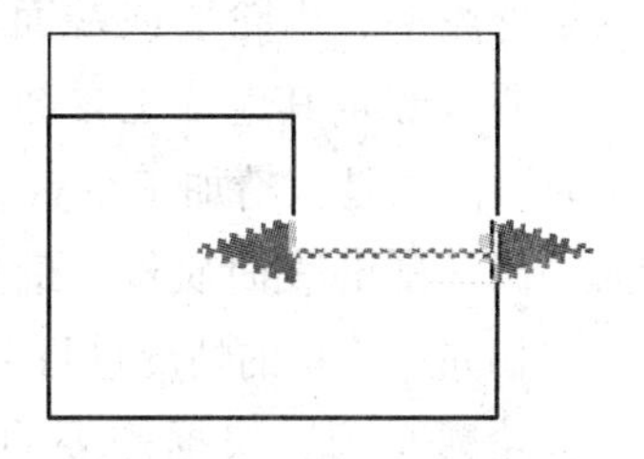

图 2-8　拾取方向选择

选择方向后，如果采用的是链拾取方式，则系统自动拾取首尾连接的轮廓线；如果采用单个拾取，则系统提示继续拾取轮廓线；如果采用限制链拾取，则系统自动拾取该曲线与限制曲线之间连接的曲线。若加工轮廓与毛坯轮廓首尾相连，则采

用链拾取会将加工轮廓与毛坯轮廓混合在一起；采用限制链拾取或单个拾取，则可以将加工轮廓与毛坯轮廓区分开。所以通常采用限制拾取，即拾取第一段和最后一段轮廓，系统自动拾取限制曲线之间连接的曲线。

（6）拾取毛坯轮廓　拾取方法与上面所示类似，如图 2-9 和图 2-10 所示。

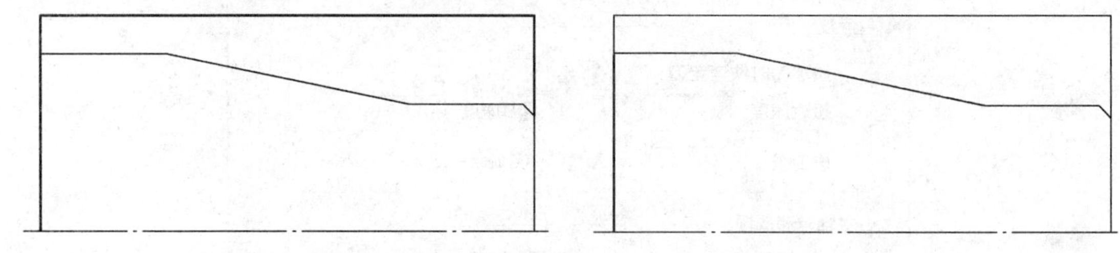

图 2-9　轮廓拾取　　　图 2-10　毛坯拾取

（7）进退刀点及生成刀具轨迹　进退刀点即定一点作为刀具加工前和加工后所在的位置，输入进退刀点后系统自动生成刀具轨迹，如图 2-11 所示。

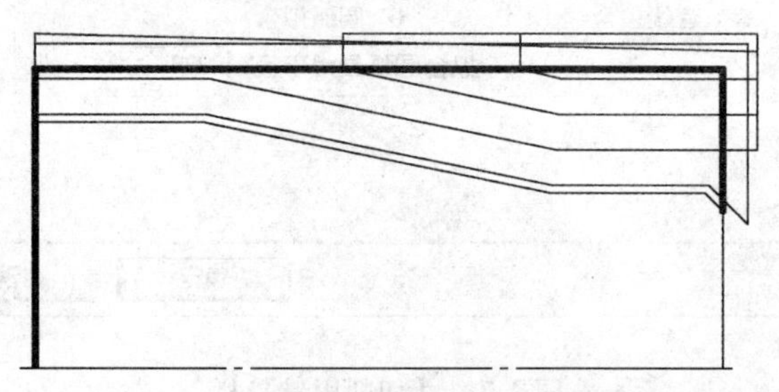

图 2-11　粗加工轨迹

3. 轮廓精车

轮廓精车是实现对工件外轮廓表面、内轮廓表面和端面的精车加工，其步骤如下：

1）在【数控车】菜单的子菜单中选取【轮廓精车】，或者在工具条中单击图标，系统弹出【精车参数表】对话框，如图 2-12 所示。

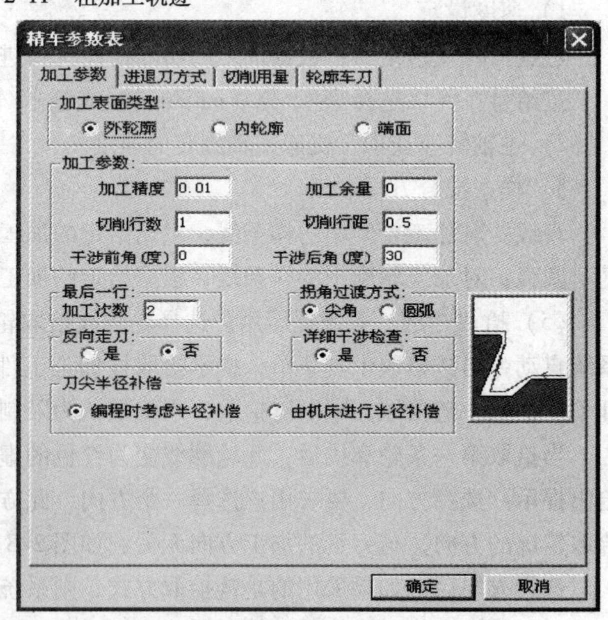

图 2-12　【精车参数表】对话框

2）首先在参数表中确定被加工的是外轮廓、内轮廓或端面，接着按加工要求确定其他加工参数。与粗加工时不同的是，精加工余量自动为 0。为提高车削的表面质量，最后一行常常在相同进给量的情况进行多次车削。

轮廓车刀：根据需要自行设置，可以与粗加工刀具不同。

进退刀方式：根据需要自行设置，与粗加工类似。

切削用量：在设置时根据精加工需要，可以适当提高主轴转速、降低进给量，以提高精加工表面质量。

3）拾取被加工的轮廓，拾取方法大多为限制链拾取，此外还有链拾取和单个拾取。拾取箭头方向与实际加工方向无关，不需要拾取毛坯轮廓。

4）确定进退刀点，生成精加工轨迹，如图 2-13 所示。

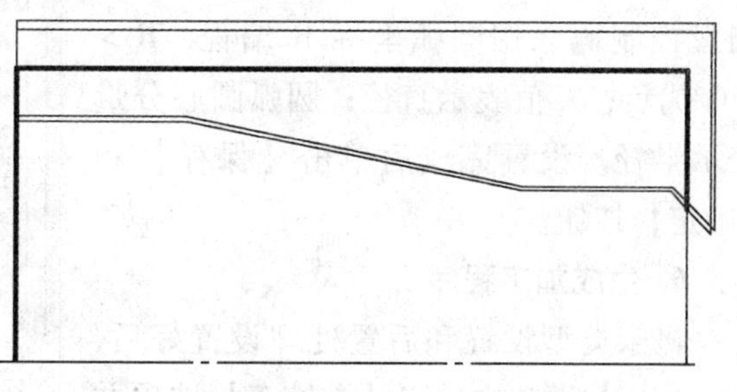

图 2-13　精加工轨迹

4. 轨迹仿真

在 CAXA 数控车软件的【应用】菜单中单击【数控车】或快捷菜单中的按钮，并选择【轨迹仿真】，依次选取粗加工、精加工的刀具轨迹进行仿真加工。轨迹仿真可选择"动态""静态"和"二维实体"，图 2-14 所示为动态仿真加工。

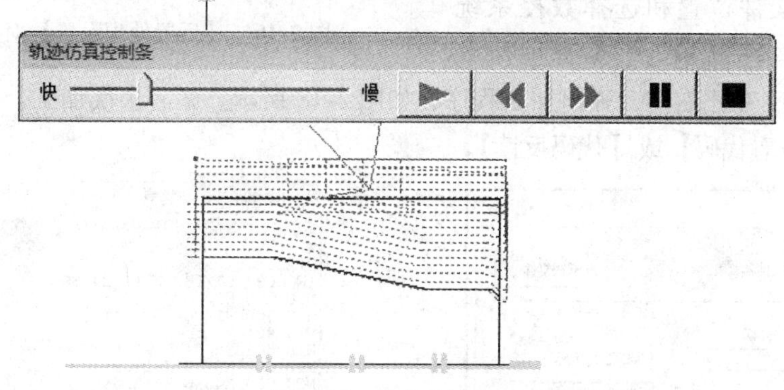

图 2-14　动态仿真加工

5. 机床设置和后置处理

仿真加工正确后，在 CAXA 数控车软件的【应用】菜单中单击【数控车】选项，并选择【机床设置和后置处理设置】选项，弹出【机床类型设置】对话框和【后置处理设置】对话框，如图 2-15 和图 2-16 所示。在设置机床参数时，将机床名选择为"GSK"，其余参数可

机床类型设置

机床名：GSK　保存更改　增加机床　删除机床

行号地址：	N	行结束符：		速度指令：	F	换刀指令：	T
快速移动：	G00	顺圆弧插补：	G02	逆圆弧插补：	G03	直线插补：	G01
主轴转速：	S	主轴正转：	M03	主轴反转：	M04	主轴停：	M05
冷却液开：	M08	冷却液关：	M09	绝对指令：	G90	相对指令：	G91
恒线速度：	G96	恒角速度：	G97	最高转速限制：	G50	螺纹切削：	G33
半径左补偿：	G41	半径右补偿：	G42	半径补偿关闭：	G40	长度补偿：	G43
坐标系设置：	G54	延时指令：	G04	延时表示：	X	每分进给：	G98
程序停止：	M30	程序起始符号：	%	程序结束符号：	%	每转进给：	G99
螺纹节距：	K	螺纹切入相位：	Q				

回退初始安全高度　G98

回退R安全高度(G99)：G99　C轴/Y轴设置

刀具号和补偿号输出位数：3　补0

说明　O $POST_CODE @($POST_NAME , $POST_DATE , $POST_TIME)

图 2-15　【机床类型设置】对话框

不变，然后单击【确定】按钮。在后置处理设置时，机床名同样选择“GSK”，后置处理程序号可自行设置；行号设置为输出行号，不填满行号；编程方式采用绝对方式；代码优化；坐标输出格式为小数；圆弧控制码采用圆弧坐标 R 编程，R > 180°为负；X 值表示直径；圆弧圆心分量表示半径。设置完成后单击【保存】和【确定】按钮。

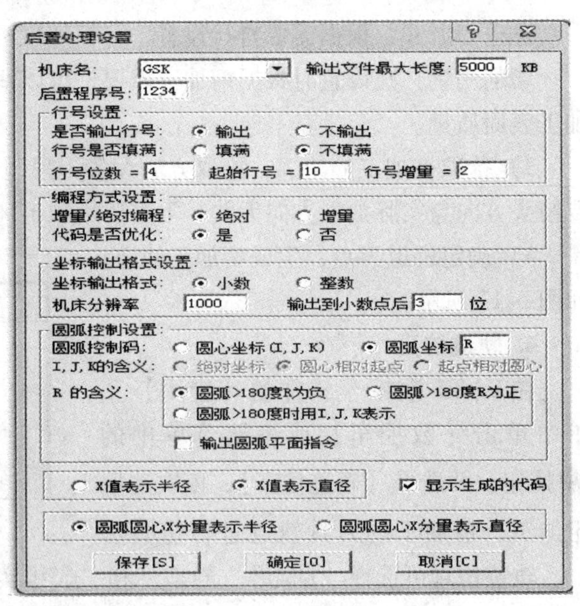

图 2-16 【后置处理设置】对话框

6. 生成加工程序

机床类型设置和后置处理设置好后，在【应用】菜单中单击【数控车】选项并选择【代码生成】，弹出【生成后置代码】对话框，确定文件位置和选择数控系统（GSK），如图 2-17 所示。根据提示拾取粗、精加工轨迹，单击右键，弹出加工程序，如图 2-18 所示。如需多次加工，可单击【数控车】并选择【查看代码】或【代码反读】。

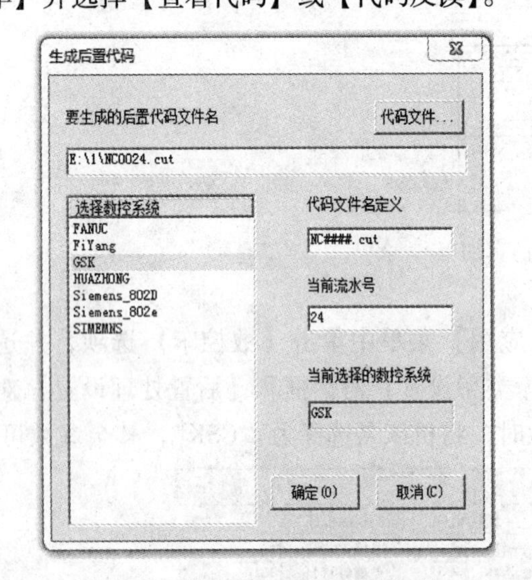

图 2-17 【生成后置代码】对话框

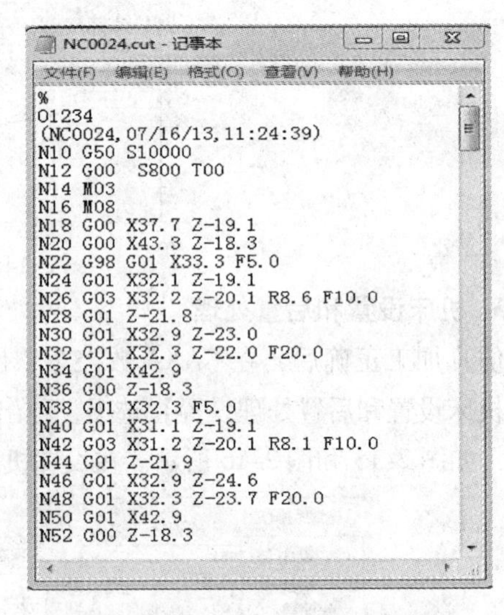

图 2-18 轮廓的粗车和精车数控程序

四、任务测评（见表 2-1）

表 2-1 轮廓的粗车和精车任务测评

项目	要求	配分	评分标准	自我评价	小组评价	教师评价
课堂纪律	准时到达机房	5	迟到全扣			
	学习用具齐全	5	不合格全扣			
	课堂表现、参与情况	10	不认真全扣			

（续）

项目	要求	配分	评分标准	自我评价	小组评价	教师评价
CAXA 数控车软件学习情况	加工建模	10	不正确全扣			
	粗加工参数设置	15	不正确全扣			
	精加工参数设置	15	不正确全扣			
	生成加工轨迹	10	不正确全扣			
	后置处理	10	不正确全扣			
安全文明	正确操作设备	10	不合格全扣			
	清洁卫生	10	不合格全扣			

五、强化练习

1. CAXA 数控车软件刀具库管理功能有哪些？
2. CAXA 数控车软件自动编程加工步骤有哪些？
3. 自动编程仿真加工和保存程序格式的方法有哪些？
4. 简述粗、精加工各参数的含义。
5. 自动编程与手工编程相比有哪些优势？

6. 分组完成图 2-19 和图 2-20 所示机械零件的 CAM 图纸造型，选择不同的刀具并生成加工轨迹和数控加工程序。毛坯尺寸为 ϕ70mm×120mm 和 ϕ35mm×30mm，材料为 45 钢。

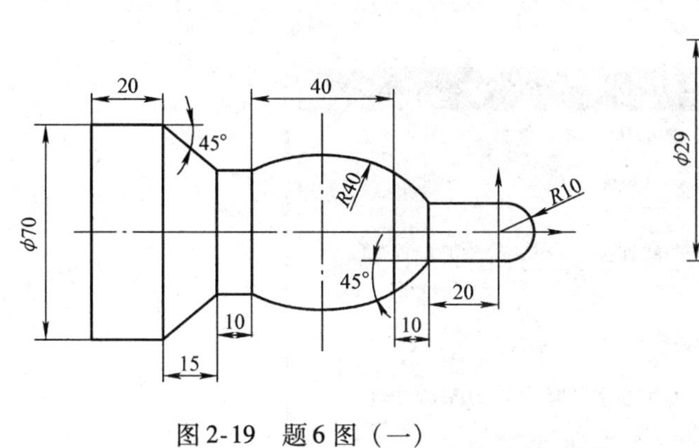

图 2-19　题 6 图（一）

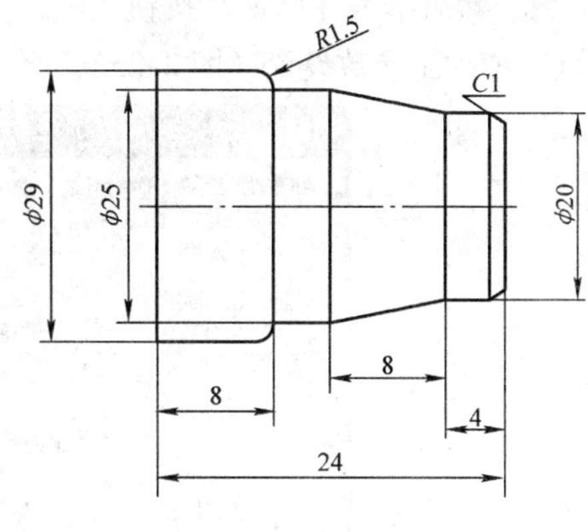

图 2-20　题 6 图（二）

任务二　槽类零件的加工

一、学习目标

能力目标：完成槽类零件图的绘制、车槽参数的设置及后置处理。

知识目标：学习车槽加工参数，进、退刀方式，车刀选择等的设置，以及机床参数设置、后置处理设置、仿真加工等。

二、任务布置

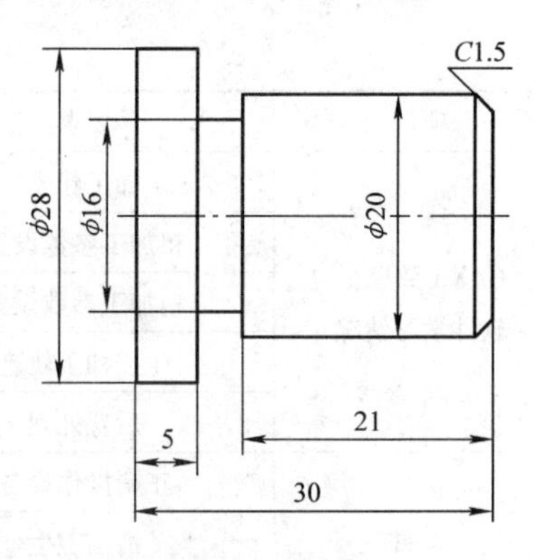

图 2-21 槽类零件图

图 2-21 所示为槽类零件。毛坯尺寸为 ϕ30mm × 50mm。工件坐标系原点设置在零件右端面的回转中心处，换刀点设置在 X50、Z50 的位置。使用 CAXA 数控车软件的加工功能，完成槽类零件的几何造型及车槽加工。

三、任务实施

1. 零件分析

该零件为带槽的轴类零件，先用 CAXA 数控车软件绘制槽类零件的轮廓图形，如图 2-22 所示。

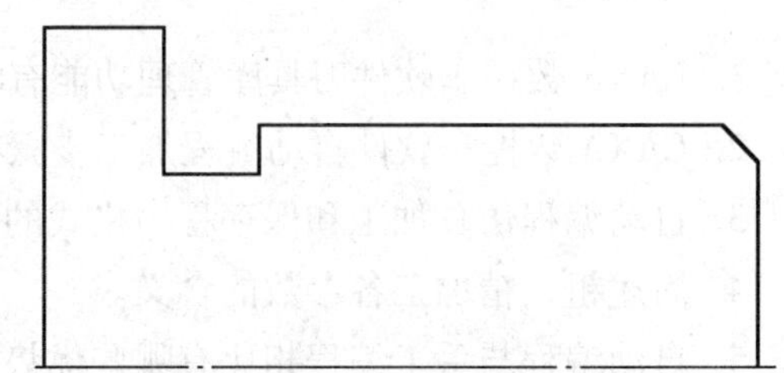
图 2-22 槽类零件轮廓图形

2. 车槽操作步骤

1）在【数控车】菜单的子菜单中选择【切槽】选项，或者在工具条中单击图标，系统弹出【切槽参数表】对话框，如图 2-23 ~ 图 2-25 所示。

2）首先在参数表中确定被加工的是外轮廓、内轮廓或端面，接着按加工要求设置其他加工参数，然后单击【确定】按钮。

① 切槽加工参数设置（图 2-23）

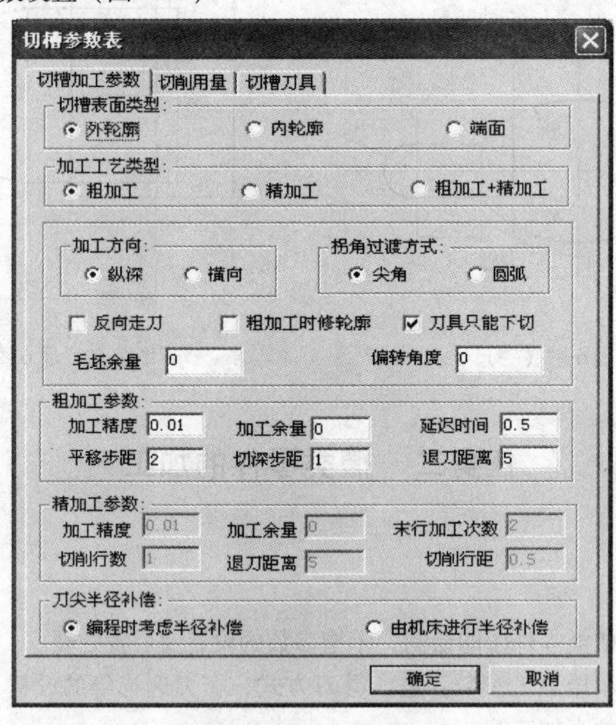

图 2-23 切槽加工参数设置

a. 切槽表面类型。在参数表中首先确定被加工的是外轮廓、内轮廓或端面。

b. 加工工艺类型。

粗加工：只对槽进行粗加工。

精加工：只对槽进行精加工。

粗加工 + 精加工：对槽进行粗加工后作精加工。

c. 加工方向。

纵深：顺着槽深的方向进行加工，一般采用纵深方向切削。

横向：垂直于槽深的方向进行加工。

d. 粗加工参数。

加工精度：对于直线和圆弧，机床可以精确地加工，将按给定的加工精度把样条转化成直线处理。

加工余量：被加工表面未被加工部分的预留量。

延迟时间：粗车槽时，刀具在槽的底部停留的时间。

平移步距：沿槽宽方向，第一刀和第二刀之间的距离（刀宽 < 槽宽时）。

切深步距：沿槽深方向的进给量。

退刀距离：粗车槽中进行下一行切削前退刀到槽外的距离。

e. 精加工参数。

加工精度。

加工余量：被加工表面未被加工部分的预留量。

末行加工次数：精车槽时，为提高加工的表面质量，最后一行常常在相同进给量的情况进行多次车削。

切削行数：精加工刀位轨迹的加工行数，不包括最后一行的重复次数。

退刀距离：精加工中切削完一行之后，进行下一行切削前退刀的距离。

切削行距：精加工中行与行之间的距离。

② 切槽刀具参数设置（图 2-24）。

刀具名：用于刀具的标识和列表。

刀具号：用于后置的自动换刀指令，对应机床刀库的刀号。

刀具补偿号：刀具补偿值的序列号，其值对应于机床的数据库。

刀具长度：刀具的总长度。

刀柄宽度：刀具切削刃的宽度。

刀尖半径：刀具切削刃两端圆弧的半径。

刀具引角：刀具切削段两侧边与垂直于切削方向间的夹角。

在设置刀具宽度和刀刃宽度时，如果刀具宽度大于刀刃宽度，将出现报错警告提示。当

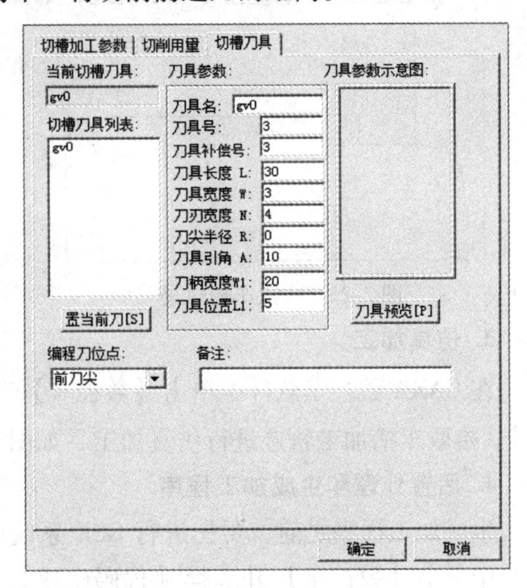

图 2-24　切槽刀具参数设置

刀宽等于槽宽时，应将加工余量设为零。

③ 切削用量的设置（图 2-25）。

进给量：50mm/min。

主轴转速：200r/min。

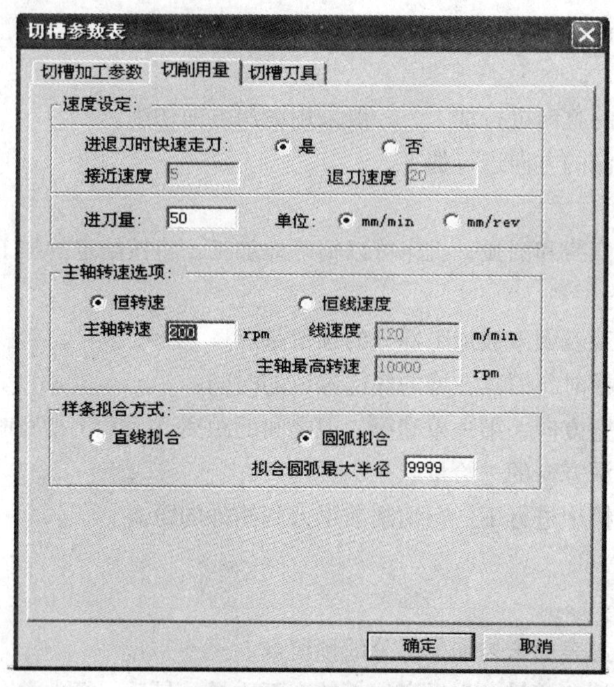

图 2-25　切削用量设置

3）拾取被加工的槽的轮廓，拾取方法大多为限制链拾取，此外还有链拾取和单个拾取。

4）确定进退刀点，生成加工轨迹，如图 2-26 和图 2-27 所示。

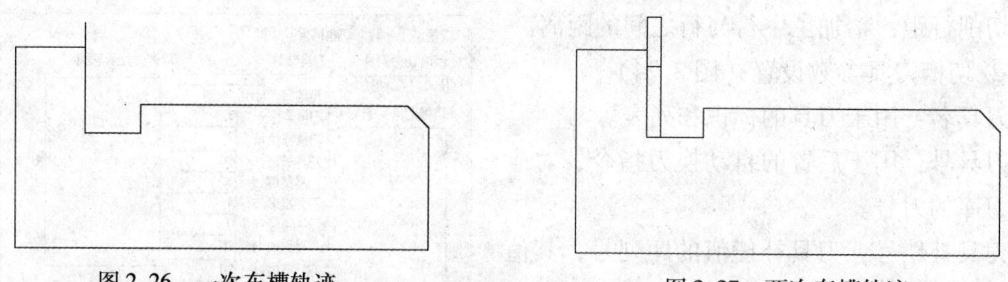

图 2-26　一次车槽轨迹

图 2-27　两次车槽轨迹

3. 仿真加工

在 CAXA 数控车软件中单击【数控车】菜单或快捷菜单中的按钮，并选择【轨迹仿真】，拾取车槽加工轨迹进行仿真加工，如图 2-28 所示。

4. 后置处理和生成加工程序

生成加工程序之前，要先进行 GSK 系统的机床类型设置和后置处理设置，在【应用】菜单中单击【数控车】并选择【代码生成】，确定文件位置，生成数控加工程序，如图 2-29 所示。

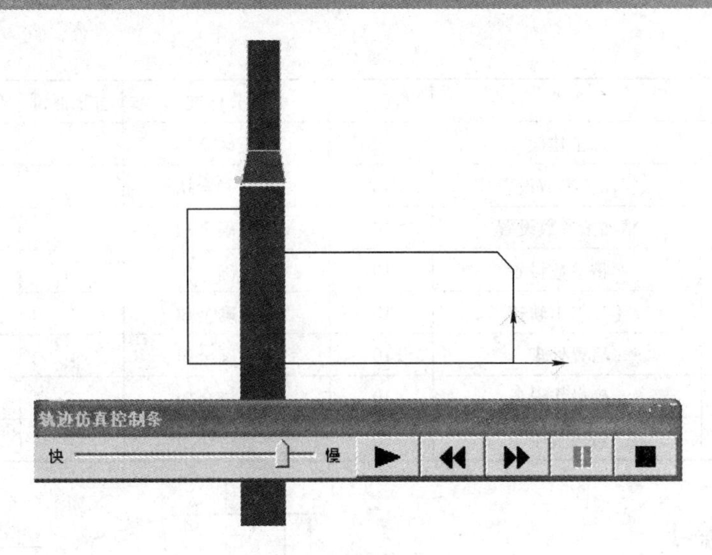

图 2-28　车槽仿真加工

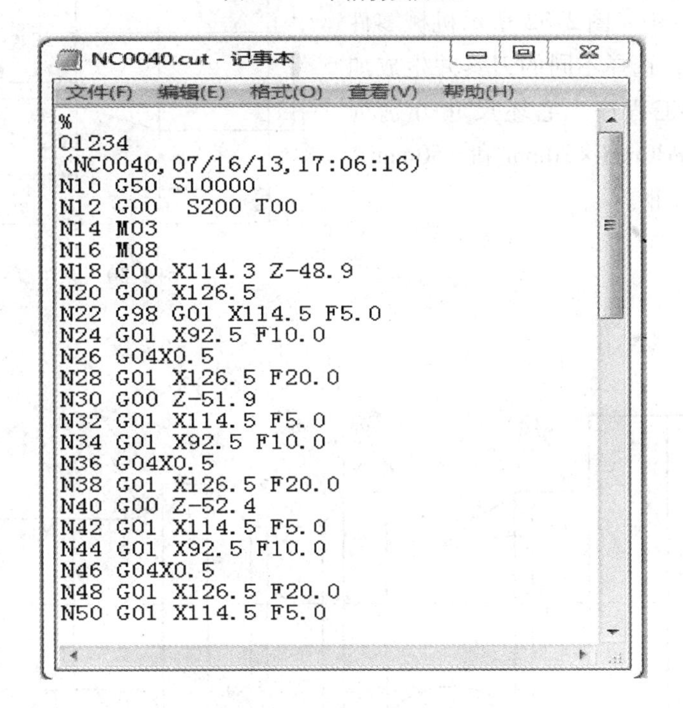


```
%
O1234
(NC0040,07/16/13,17:06:16)
N10 G50 S10000
N12 G00  S200 T00
N14 M03
N16 M08
N18 G00 X114.3 Z-48.9
N20 G00 X126.5
N22 G98 G01 X114.5 F5.0
N24 G01 X92.5 F10.0
N26 G04X0.5
N28 G01 X126.5 F20.0
N30 G00 Z-51.9
N32 G01 X114.5 F5.0
N34 G01 X92.5 F10.0
N36 G04X0.5
N38 G01 X126.5 F20.0
N40 G00 Z-52.4
N42 G01 X114.5 F5.0
N44 G01 X92.5 F10.0
N46 G04X0.5
N48 G01 X126.5 F20.0
N50 G01 X114.5 F5.0
```

图 2-29　车槽数控加工程序

四、任务测评（见表 2-2）

表 2-2　槽类零件的加工任务测评

项目	要求	配分	评分标准	自我评价	小组评价	教师评价
课堂纪律	准时到达机房	5	迟到全扣			
	学习用具齐全	5	不合格全扣			
	课堂表现、参与情况	10	不认真全扣			

（续）

项目	要求	配分	评分标准	自我评价	小组评价	教师评价
CAXA 数控车软件学习情况	加工建模	10	不正确全扣			
	粗加工参数设置	10	不正确全扣			
	精加工参数设置	10	不正确全扣			
	车槽参数设置	10	不正确全扣			
	生成加工轨迹	10	不正确全扣			
	后置处理	10	不正确全扣			
安全文明	正确操作设备	10	不合格全扣			
	清洁卫生	10	不合格全扣			

五、强化练习

分组完成图 2-30 ~ 图 2-32 所示机械零件的 CAM 图样造型，选择不同的刀具并生成加工轨迹和数控加工程序。毛坯尺寸分别为 ϕ30mm × 50mm、ϕ30mm × 70mm 和 ϕ50mm × 105mm，材料为 45 钢。

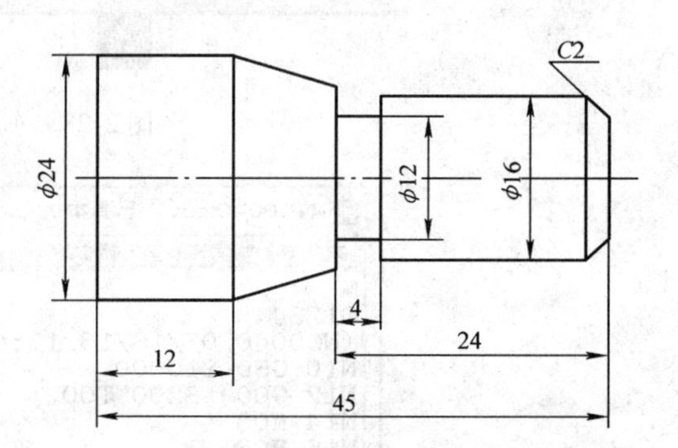

图 2-30　题图（一）

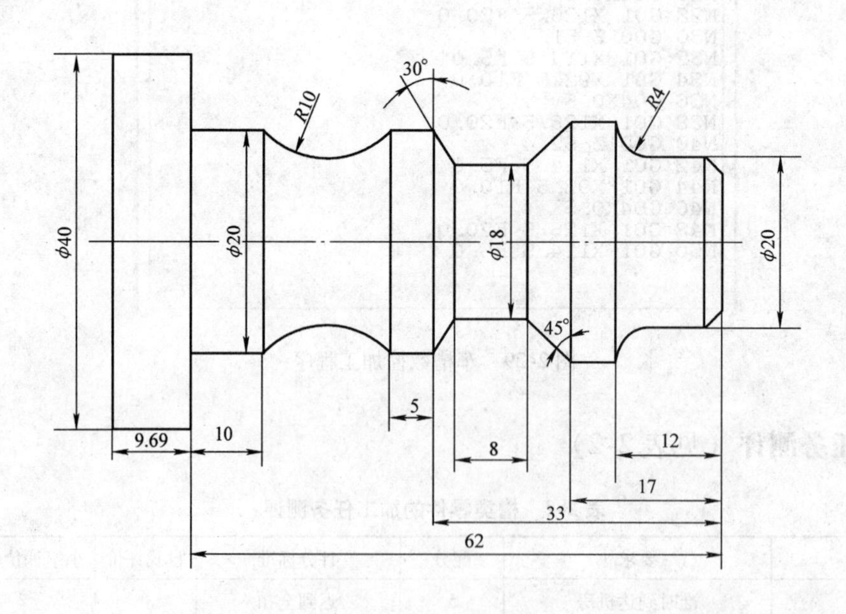

图 2-31　题图（二）

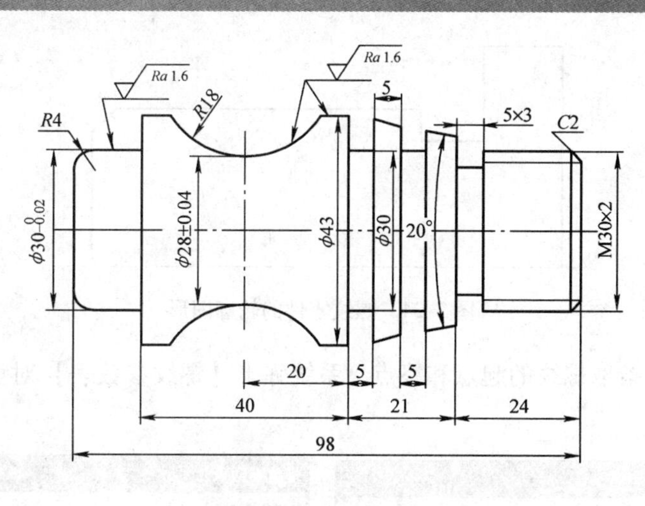

图 2-32　题图（三）

任务三　螺纹的加工

一、学习目标

能力目标：完成螺纹零件图的绘制，以及零件粗、精加工，车槽和螺纹加工等的参数设置及后置处理。

知识目标：学习螺纹加工参数，进、退刀方式，车刀选择等的设置方法，以及机床参数设置、程序处理等。

二、任务布置

图 2-33 所示为螺纹零件图。毛坯尺寸为 ϕ30mm × 35mm。工件坐标系原点设置在零件右端面的回转中心处，换刀点设置在 X50、Z50 的位置。使用 CAXA 数控车软件的加工功能，完成螺纹零件的几何造型和外轮廓粗、精加工，车槽和车螺纹。

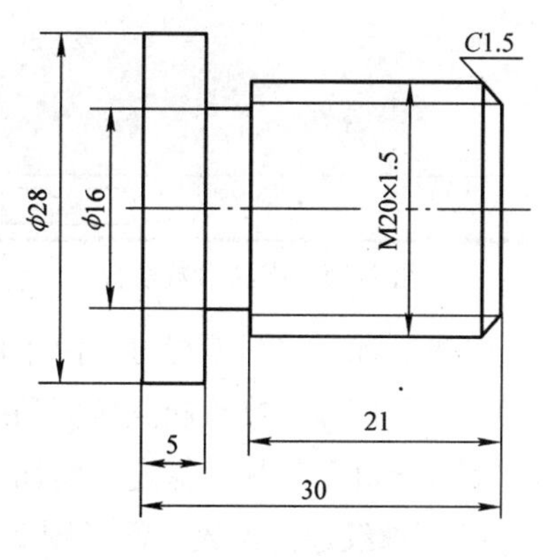

图 2-33　螺纹零件图

三、任务实施

1. 零件分析

图 2-33 所示为带螺纹的轴类零件，先用 CAXA 数控车软件绘制螺纹零件的轮廓图形，如图 2-34 所示。

2. 粗车、精车外轮廓和车槽

本工序的内容与前述内容相同，故省略此加工过程。

3. 车螺纹

（1）螺纹参数设置　在 CAXA 数控车软件的【应用】菜单中单击【数控车】，并选择

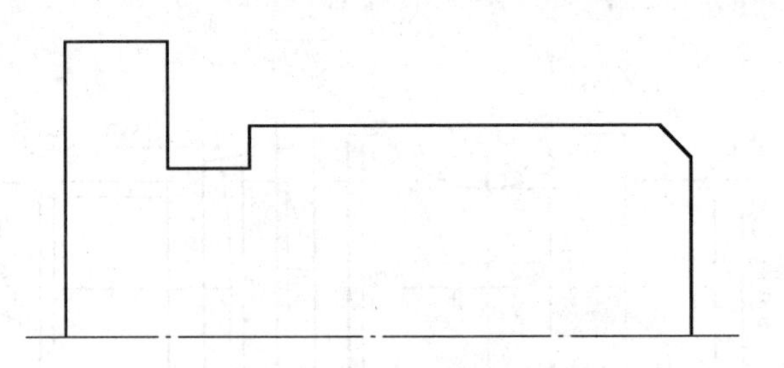

图 2-34　螺纹零件的轮廓图形

【车螺纹】，在图上拾取螺纹的起点和终点，系统弹出【螺纹参数表】对话框，如图 2-35 和图 2-36 所示。

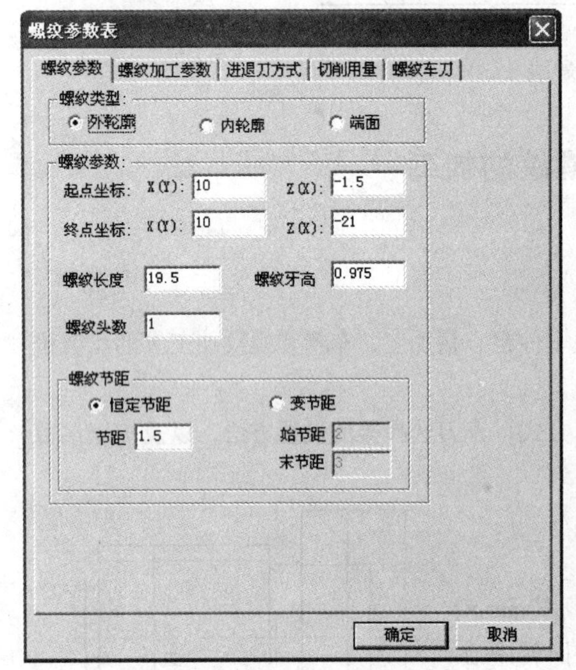

图 2-35　螺纹参数设置（一）

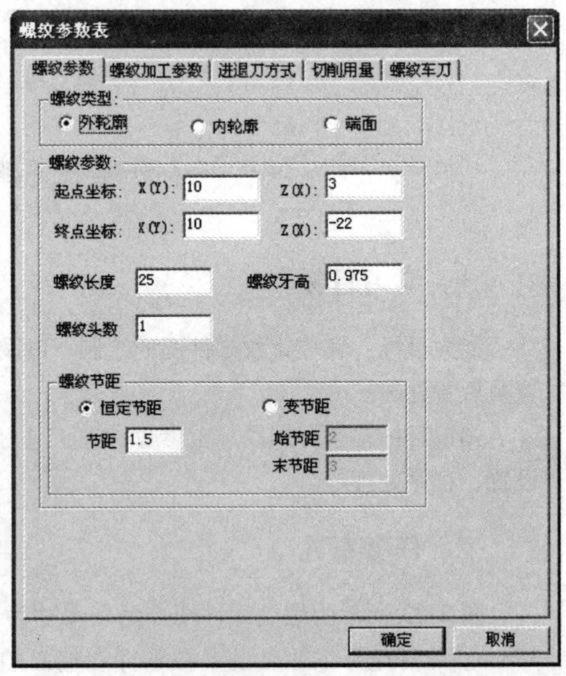

图 2-36　螺纹参数设置（二）

在螺纹加工实际编程时，由于伺服系统的滞后特性，需要设置足够的升速进刀段和减速退刀段，所以需要修改起点坐标和终点坐标。

螺纹牙高：粗加工深度 + 精加工深度 $\approx 0.65P$（螺距）。

（2）螺纹加工参数设置（图 2-37）

1）加工工艺。

粗加工：直接采用粗车方式加工螺纹。

粗加工 + 精加工：根据指定的粗加工深度进行粗车后，再采用精车方式（如采用更小的行距）切除剩余余量（精加工深度）。

2）末刀走刀次数。为提高加工质量，最后一个切削行有时需要重复走刀多次，此时需要指定重复走刀次数。

3）螺纹总深。螺纹粗加工和精加工的总切削深度。

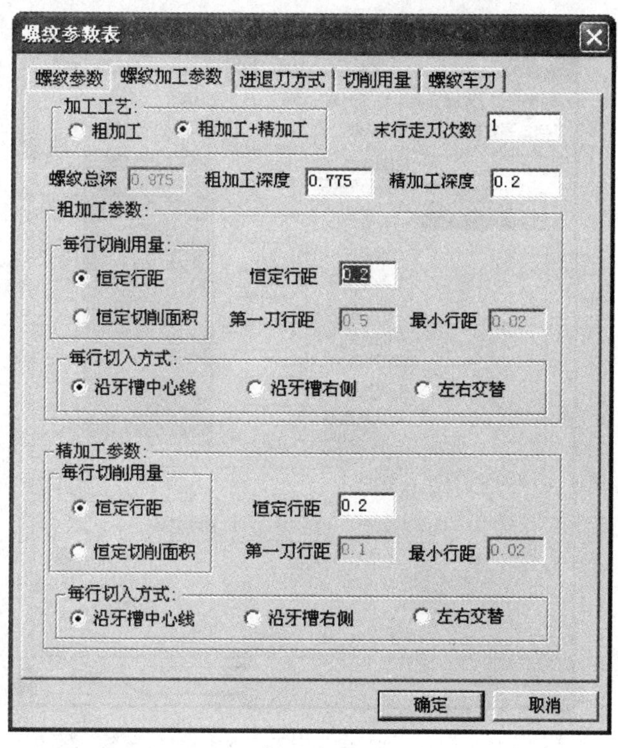

图 2-37　【螺纹加工参数】栏

4）粗加工深度。螺纹粗加工的切削深度。

5）精加工深度。螺纹精加工的切削深度。

6）每行切削用量。

恒定行距：加工时沿恒定的行距进行加工。

恒定切削面积：为保证每次切削的切削面积恒定，各次切削深度将逐步减小，直至等于最小行距。用户需指定第一刀行距及最小行距。在实际加工中，常采用恒定切削面积的方式。

（3）螺纹车刀参数设置（图 2-38）

4. 生成加工轨迹

选择完各参数后，单击【确定】按钮，按提示输入进退刀点，生成加工轨迹，如图 2-39 所示。

5. 轨迹仿真

螺纹加工不能进行三维实体仿真，仅可以进行动态和静态仿真。动态仿真如图 2-40 所示。

6. 机床类型设置和后置处理

由于数控机床螺纹加工指令的差别，有时需要修改机床参数（螺纹切削指令 G32、螺纹节距 F）后生成数控加工程序才能在机床上加工，如图 2-41 所示。

7. 生成加工程序

生成加工程序之前，要先进行 GSK 系统的机床类型设置和后置处理，在【应用】菜单中单击【数控车】并选择【代码生成】，弹出【选择后置文件】对话框，确定文件位置，生成螺纹加工数控程序，如图 2-42 所示。

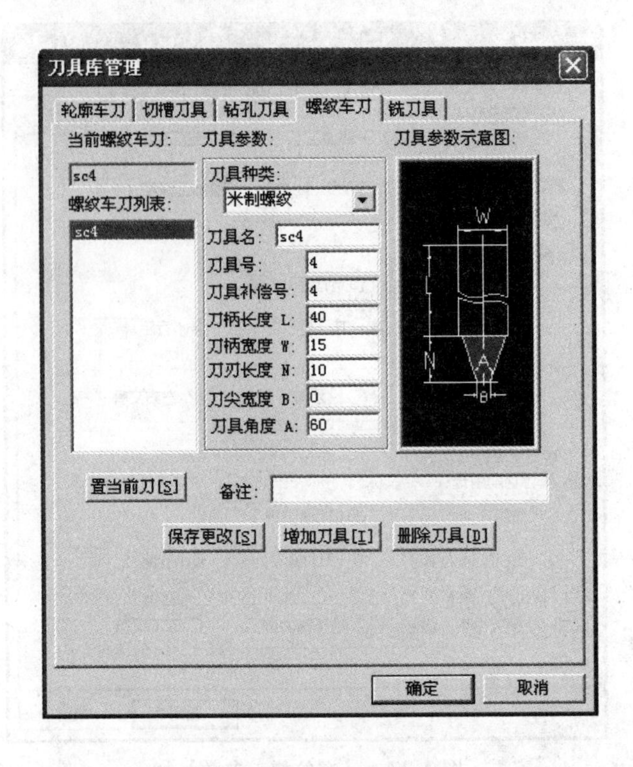

图 2-38　螺纹车刀参数设置

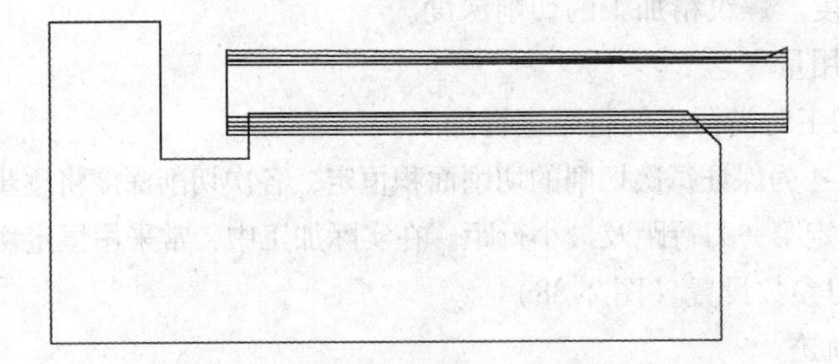

图 2-39　螺纹加工轨迹

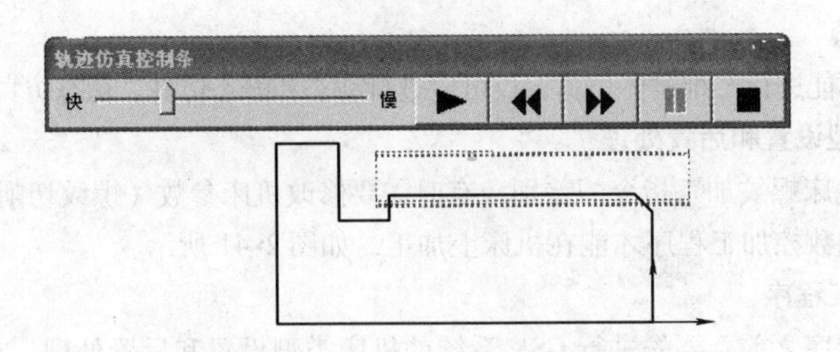

图 2-40　螺纹加工动态仿真

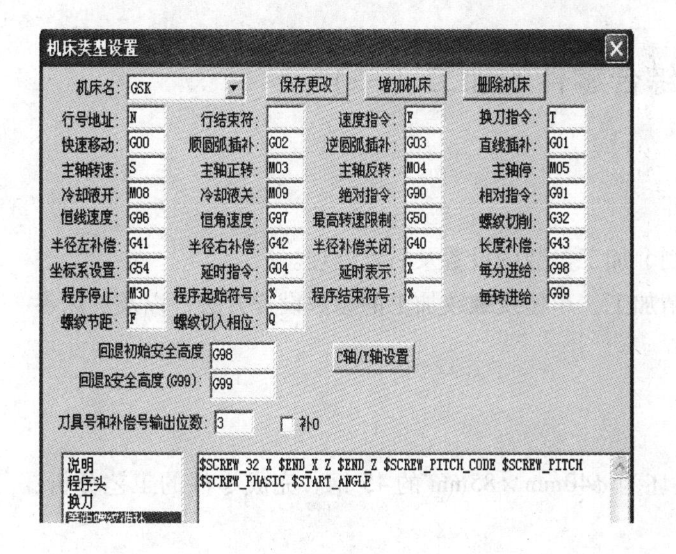

图 2-41　机床类型设置

```
NC0016.cut - 记事本
文件(F) 编辑(E) 格式(O) 查看(V) 帮助(H)
%
O1234
N10 G50 S10000
N12 G00 G97 S300 T00
N14 M03
N16 M08
N18 G00 X20.000 Z-1.500
N20 G00 X27.400 Z3.000
N22 G00 X21.400
N24 G00 X21.200
N26 G98 G01 X19.650 F100.000
N28 G32 Z-22.000 F1.500
N30 G01 X21.200
N32 G00 X21.400
N34 G00 X27.400
N36 G00 X27.000 Z3.000
N38 G00 X21.000
N40 G00 X20.800
N42 G01 X19.250 F100.000
N44 G32 Z-22.000 F1.500
```

图 2-42　螺纹加工数控程序

四、任务测评（见表 2-3）

表 2-3　螺纹的加工任务测评

项目	要求	配分	评分标准	自我评价	小组评价	教师评价
课堂纪律	准时到达机房	5	迟到全扣			
	学习用具齐全	5	不合格全扣			
	课堂表现、参与情况	10	不认真全扣			
CAXA 数控车软件学习情况	加工建模	10	不正确全扣			
	粗、精加工参数设置	10	不正确全扣			
	螺纹加工参数设置	10	不正确全扣			
	车槽参数设置	10	不正确全扣			
	生成加工轨迹	10	不正确全扣			
	后置处理	10	不正确全扣			
安全文明	正确操作设备	10	不合格全扣			
	清洁卫生	10	不合格全扣			

五、强化练习

分组完成图 2-43 所示机械零件的 CAM 图样造型，选择不同的刀具并生成加工轨迹和数控加工程序。毛坯尺寸为 ϕ30mm × 50mm，材料为 45 钢。

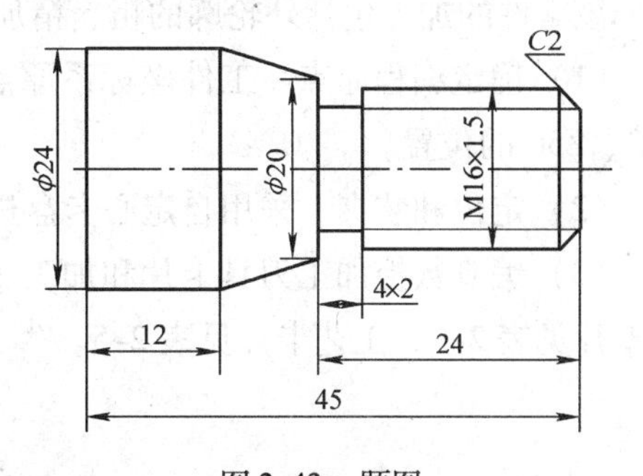

图 2-43　题图

任务四　综合零件的加工（一）

一、学习目标

能力目标：完成综合零件图的绘制、加工参数的设置及后置处理。

知识目标：进一步学习轮廓粗、精加工，车槽及螺纹加工的参数设置方法，以及机床参数设置、程序处理等。

二、任务布置

加工图 2-44 所示的综合零件，毛坯为 ϕ40mm × 85mm 的 45 钢。完成零件的工艺分析、自动编程及加工。

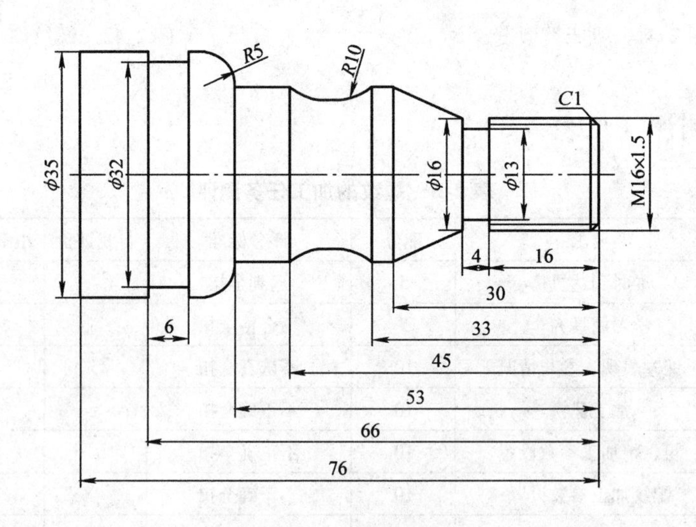

图 2-44　综合零件图

三、任务实施

1. 工艺分析

该零件的加工包括外轮廓的粗、精加工，车槽，车螺纹及切断等典型工序。

（1）确定编程原点　工件坐标系原点设置在零件右端面的回转中心处，换刀点设置在 X50、Z50 的位置。

（2）定位和装夹　采用自定心卡盘进行定位和装夹。

（3）编制数控加工刀具卡片和加工工艺卡片　根据加工要求选择刀具及切削用量，刀具卡片见表 2-4，工艺卡片见表 2-5。

表 2-4　刀具卡片

产品名称代号		数控车削实训件（一）	零件名称	综合零件（一）	零件图号	2-44
序号	刀具号	刀具规格及名称	数量	加工表面	刀尖半径/mm	备注
1	T01	45°硬质合金端面车刀	1	车端面	0.4	—
2	T02	93°外圆右偏刀	1	自右至左粗车外表面	0.6	—
3	T03	93°外圆右偏刀	1	自右至左精车外表面	0.2	—
4	T04	60°螺纹车刀	1	加工普通螺纹	—	—
5	T05	切断刀	1	车退刀槽及切断	$B=3$	—

表 2-5　工艺卡片

单位名称	×××		产品名称及代号		零件名称		零件图号	
			数控车削实训件		综合零件（一）		2-44	
工序号	程序编号		夹具名称		使用设备		车间	
001			自定心卡盘		GSK980TD		数控中心	
工步	工步内容	刀具号	刀具规格/(mm×mm)	主轴转速/(r/min)	进给速度/(mm/r)	背吃刀量/mm	备注	
1	车端面	T01	20×20	300	—	0.5	手动	
2	自右至左粗车外表面	T02	25×25	500	0.3	1.0	自动	
3	自右至左精车外表面	T03	25×25	1000	0.1	0.5	自动	
4	车退刀槽	T05	20×20	200	0.05	$B=3$	自动	
4	加工螺纹	T04	20×20	400	1.5	—	自动	
5	切断	T05	20×20	200	0.05	$B=3$	自动	

2. 编制加工程序

（1）绘制粗加工轮廓

1）用 CAXA 数控车软件绘制螺纹零件轮廓图形，将坐标系原点设在零件右端面的回转中心处，如图 2-45 所示。

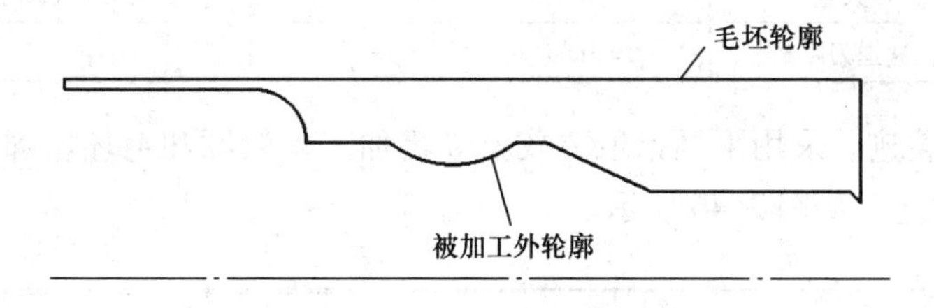

图 2-45　螺纹零件轮廓图形

2）确定粗车参数。在【数控车】菜单的子菜单中选取【轮廓粗车】，或者在工具条中单击图标，系统弹出【粗车参数表】对话框。按照表 2-6 所列加工参数填写对话框。

表 2-6　外轮廓粗车加工参数

刀具参数			切削用量		
刀具名	93°外圆右偏刀		切削速度	进退刀时是否快速	○是 ⊙否
刀具号	2			接近速度	0.1mm/r
刀具补偿号	2			退刀速度	1mm/r
刀柄长度	120mm			进给量	0.3mm/r
刀柄宽度	25mm		主轴转速	恒转速	800r/min
刀具长度	10mm			恒线速度	—
刀尖半径	1mm			主轴最高转速	2000r/min
刀具前角	87°		拟合方式	○直线拟合	
刀具后角	52°			⊙圆弧拟合	
轮廓车刀类型	⊙外轮廓车刀○内轮廓车刀○端面			拟合圆弧最大半径	999mm
对刀点方式	⊙刀尖尖点○刀尖圆心		加工参数		
刀具类型	○普通刀具⊙球形刀具		加工表面类型	⊙外轮廓○内轮廓○端面	
刀具偏置方向	⊙左偏○对中○右偏		加工方式	⊙行切方式○等距方式	
进退刀方式			加工精度	0.1mm	
每行相对毛坯进刀方式	⊙与加工表面成定角	$L=2$mm，$A=45°$	加工余量	0.3mm	
	○垂直	—	加工角度	180°	
	○矢量	—	切削行距	2mm	
每行相对加工件表面进刀方式	⊙与加工表面成定角	—	干涉前角	0°	
	○垂直	—	干涉后角	50°	
	○矢量	—	拐角过渡方式	⊙尖角○圆弧	
每行相对毛坯退刀方式	⊙与加工表面成定角	$L=2$mm，$A=45°$	反向走刀	○是⊙否	
	○垂直	—	详细干涉检查	⊙是○否	
	○矢量	—	退刀时沿轮廓走刀	○是⊙否	
每行相对加工件表面退刀方式	⊙与加工表面成定角	$L=2$mm，$A=45°$	—	—	
	○垂直	—	刀尖半径补偿	⊙编程时考虑半径补偿	
	○矢量	—		○由机床进行半径补偿	
	快速退刀距离	$L=5$mm	—	—	

3）生成加工轨迹。采用限制拾取方式拾取粗加工外轮廓和毛坯轮廓，确定进退刀点，生成刀具粗加工轨迹，如图 2-46 所示。

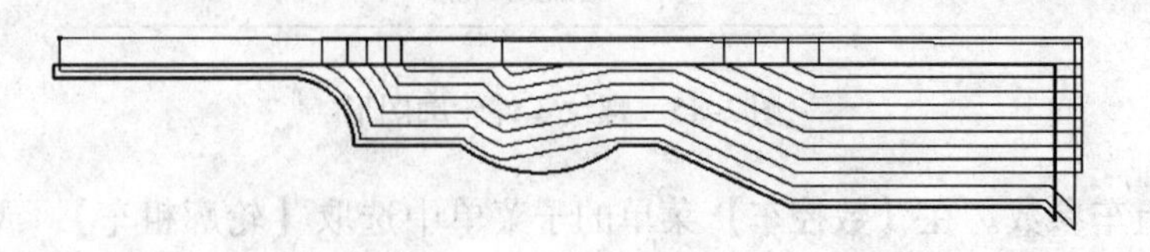

图 2-46　刀具粗加工轨迹

（2）外轮廓精加工

1）绘制精加工轮廓（与粗加工轮廓相同）。

2）确定精车参数。在【数控车】菜单的子菜单中选取【轮廓精车】，或者在工具条中单击图标，系统弹出【精车参数表】对话框。按照表 2-7 所列加工参数填写对话框。

3）生成精加工轨迹。采用限制拾取方式拾取精加工外轮廓，确定进退刀点，生成刀具精加工轨迹，如图 2-47 所示。

表 2-7　外轮廓精车加工参数

刀具参数			切削用量		
刀具名	93°外圆右偏刀		切削速度	进退刀时是否快速	○是 ⊙否
刀具号	2			接近速度	—
刀具补偿号	2			退刀速度	—
刀柄长度	120mm			进给量	0.05mm/r
刀柄宽度	25mm		主轴转速	恒转速	1500r/min
刀具长度	10mm			恒线速度	—
刀尖半径	1mm			主轴最高转速	2000r/min
刀具前角	87°		拟合方式	⊙圆弧　○直线	—
刀具后角	52°		加工参数		
轮廓车刀类型	⊙外轮廓○内轮廓○端面		加工表面类型	⊙外轮廓○内轮廓○端面	
对刀点方式	⊙刀尖尖点○刀尖圆心				
刀具类型	○普通刀具⊙球形刀具		加工精度	0.01mm	
刀具偏置方向	⊙左偏○对中○右偏		加工余量	0mm	
进退刀方式			切削行数	2	
每行相对加工件表面进刀方式	⊙与加工表面成定角	$L=2\text{mm}$，$A=45°$	切削行距	0.25mm	
	○垂直	—	干涉前角	0°	
	○矢量	—	干涉后角	30°	
每行相对加工件表面退刀方式	⊙与加工表面成定角	$L=2\text{mm}$，$A=45°$	拐角过渡方式	⊙尖角○圆弧	
	○垂直		反向走刀	○是⊙否	
	○矢量		详细干涉检查	⊙是○否	
	快速退刀距离	$L=5\text{mm}$	刀尖半径补偿	⊙编程时考虑半径补偿	

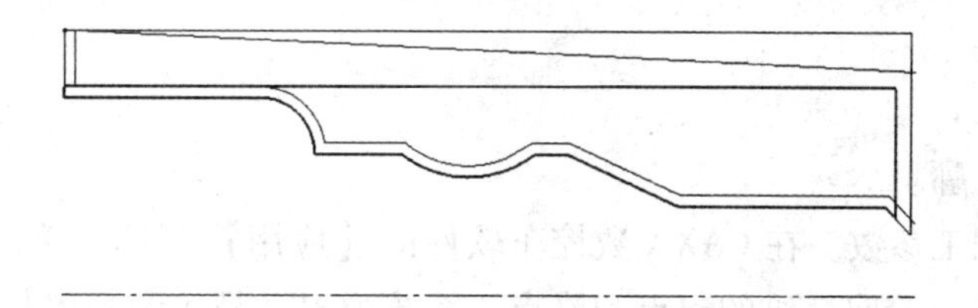

图 2-47　轮廓精加工轨迹

3. 车槽

1）绘制车槽加工轮廓。

2）确定车槽加工参数。在【数控车】菜单的子菜单中选取【切槽】，或者在工具条中单击图标，系统弹出【切槽参数表】对话框。按照表 2-8 所列加工参数填写对话框。

3）生成车槽加工轨迹。采用限制拾取方式拾取车槽加工外轮廓，确定进退刀点，生成刀具加工轨迹，如图 2-48 所示。

表 2-8　车槽加工参数

刀具参数		粗加工参数	
刀刃宽度	3mm	加工精度	0.01mm
刀尖半径	0.2mm	加工余量	0.2mm
刀具引角	2°	延迟时间	0.5s
编程刀位点	前刀尖	平移步距	1mm
加工参数		切深步距	5mm
车槽表面类型	⊙外轮廓○内轮廓○端面	退刀距离	5mm
加工工艺类型	○粗加工○精加工⊙粗加工＋精加工	精加工参数	
加工方向	⊙纵深○横向	加工精度	0.01mm
拐角过渡方式	○尖角⊙圆弧	加工余量	0
反向走刀	□	末行加工次数	1
粗加工时修轮廓	□	切削行数	1
刀具只能下切	□	退刀距离	6mm
毛坯余量	2mm	切削行距	0.15mm
刀尖半径补偿	⊙编程考虑○机床补偿	切削用量	进给量 1.5mm/r，主轴转速 600r/min

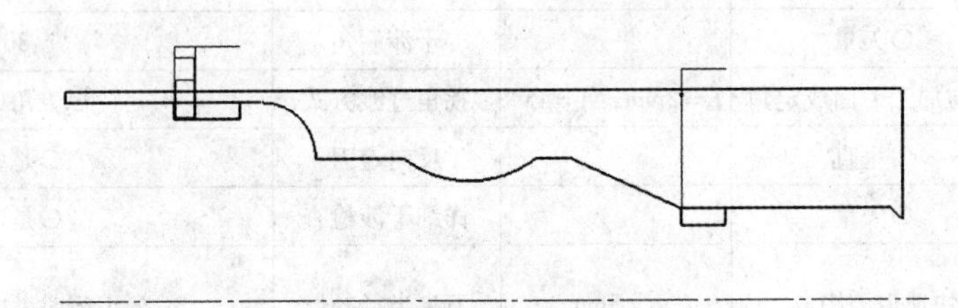

图 2-48　车槽加工轨迹

4. 加工螺纹

1）绘制加工轮廓。

2）确定螺纹加工参数。在 CAXA 数控车软件的【应用】菜单中单击【数控车】，并选择【车螺纹】，在图上拾取螺纹的起点和终点，系统弹出【螺纹参数表】对话框，设定螺纹参数，见表 2-9。

表 2-9　螺纹加工参数

刀具参数		螺纹参数			
刀具种类	米制螺纹	螺纹类型		⊙外轮廓○内轮廓○端面	
刀具名	60°普通螺纹车刀	螺纹参数	起点坐标	X（Y）8　Z（X）5	
刀具号	4		终点坐标	X（Y）8　Z（X）-17	
刀具补偿号	4		螺纹长度	22mm	
刀柄长度	100mm		螺纹牙高	0.975mm	
刀柄宽度	20mm		螺纹线数	1	
刀刃长度	15mm		螺纹螺距	恒定螺距	1.5mm
刀尖宽度	0			变螺距	—
刀具角度	60°	螺纹加工参数			

进退刀方式		螺纹加工参数	
		加工工艺类型	⊙粗加工＋精加工
粗加工进刀方式	⊙垂直○矢量	末行走刀次数	1
粗加工退刀方式	⊙垂直○矢量	螺纹总切深	0.975mm
精加工进刀方式	⊙垂直○矢量	粗加工深度	0.8mm
精加工退刀方式	⊙垂直○矢量	精加工深度	0.175mm

切削用量			粗加工参数	每行切削用量	○恒定行距	—
速度设定	进退刀时是否快速	⊙是○否			⊙恒定切削面积	第一刀行距 0.4mm
	接近速度	300mm/min				最小行距 0.2mm
	退刀速度	300mm/min		每行切入方式	⊙沿牙槽中心线 ○沿牙槽右侧 ○左右交替	
	进刀量	1.5mm/r				
主轴转速	恒转速	600r/min	精加工参数	每行切削用量	⊙恒定行距	0.075mm
	恒线速	—			○恒定切削面积	第一刀行距
	最高转速限制	2000r/min				最小行距
样条拟合方式	⊙直线拟合○圆弧拟合			每行切入方式	⊙沿牙槽中心线○沿牙槽右侧 ○左右交替	

3）生成加工轨迹。采用限制拾取方式拾取螺纹的起点和终点，确定进退刀点，生成螺纹加工轨迹，如图 2-49 所示。

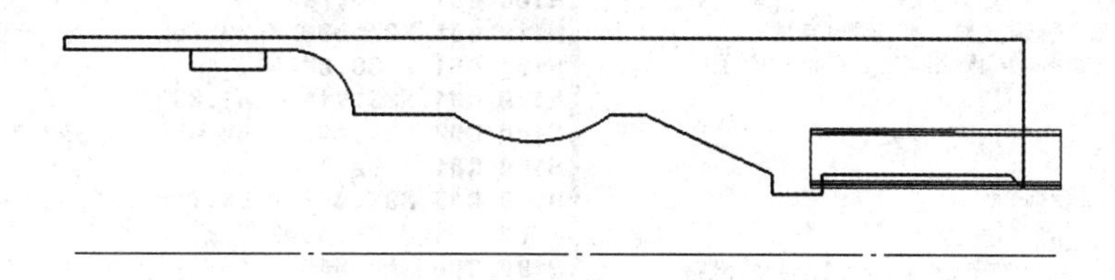

图 2-49　螺纹加工轨迹

5. 机床类型设置和后置处理

仿真加工正确后，在 CAXA 数控车软件的【应用】菜单中单击【数控车】，并选择【机床类型设置和后置处理设置】，弹出【机床类型设置】对话框和【后置处理设置】对话框，如图 2-50 和图 2-51 所示。设置机床参数时，将机床名选择为“GSK”，其余参数不变，然后单击【确定】按钮。设置后置处理时，机床名同样选择“GSK”。设置完成后，单击【保存】和【确定】按钮。

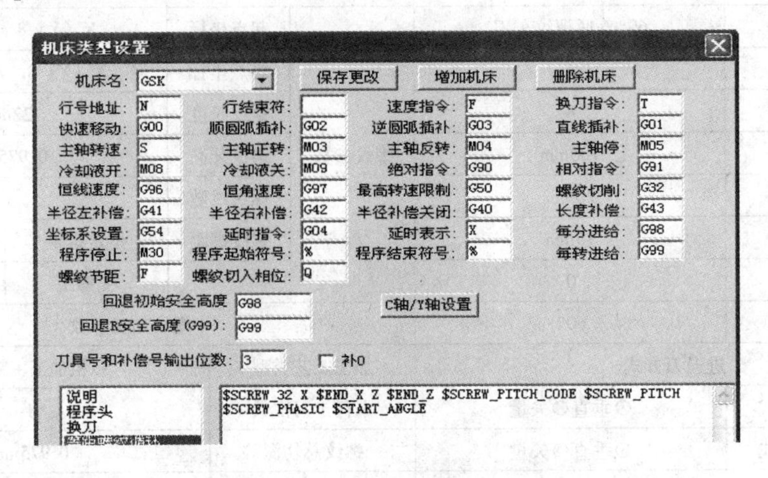

图 2-50 【机床类型设置】对话框

机床参数设置和后置处理设置完成后，在【应用】菜单中单击【数控车】并选择【代码生成】，弹出【选择后置文件】对话框，确定文件位置和选择数控系统（GSK）。根据提示拾取粗、精加工轨迹，单击右键，弹出螺纹加工数控程序，可进行适当修改得到所需程序，如图 2-52 所示。

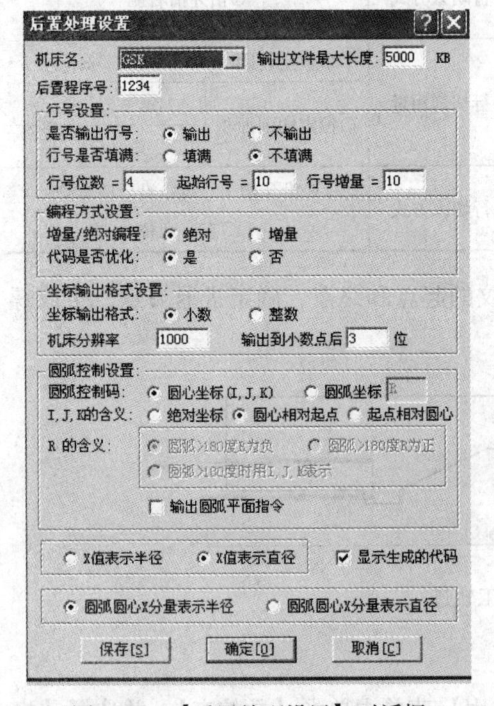

图 2-51 【后置处理设置】对话框

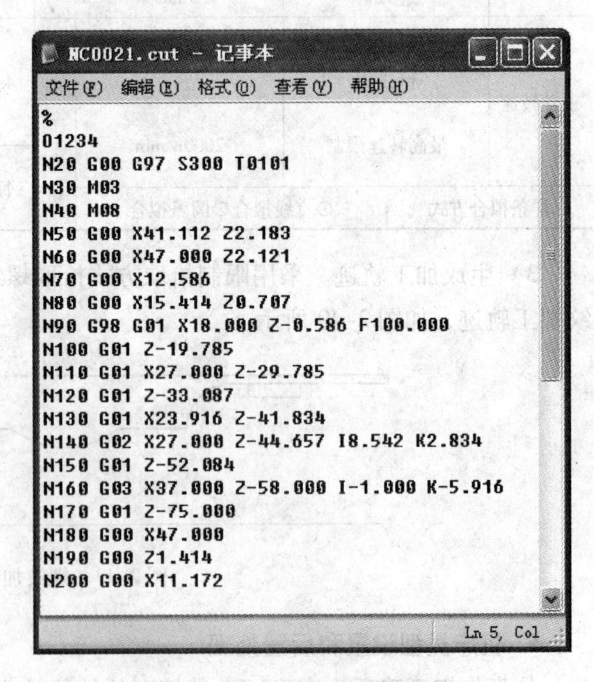

图 2-52 螺纹加工数控程序

四、任务测评（见表2-10）

表2-10　综合零件的加工（一）任务测评

项目	要求	配分	评分标准	自我评价	小组评价	教师评价
课堂纪律	准时到达机房	5	迟到全扣			
	学习用具齐全	5	不合格全扣			
	课堂表现、参与情况	10	不认真全扣			
CAXA数控车软件学习情况	加工建模	10	不正确全扣			
	粗、精加工参数设置	10	不正确全扣			
	车槽参数设置	10	不正确全扣			
	螺纹加工参数设置	10	不正确全扣			
	生成加工轨迹	10	不正确全扣			
	后置处理	10	不正确全扣			
安全文明	正确操作设备	10	不合格全扣			
	清洁卫生	10	不合格全扣			

五、强化练习

加工图2-53～图2-60所示零件。根据图样标注尺寸及技术要求，完成下列内容。

（1）完成零件的车削加工造型。

（2）对零件进行加工工艺分析。

（3）根据加工顺序，进行零件轮廓的粗、精加工，车槽加工和螺纹加工，生成加工轨迹。

（4）进行机床参数设置和后置处理，生成数控加工程序。

（5）保存造型、加工轨迹和数控加工程序文件。

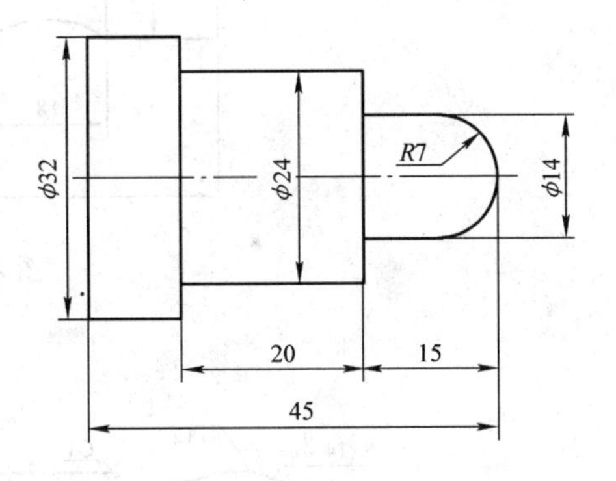

图2-53　题图（一）

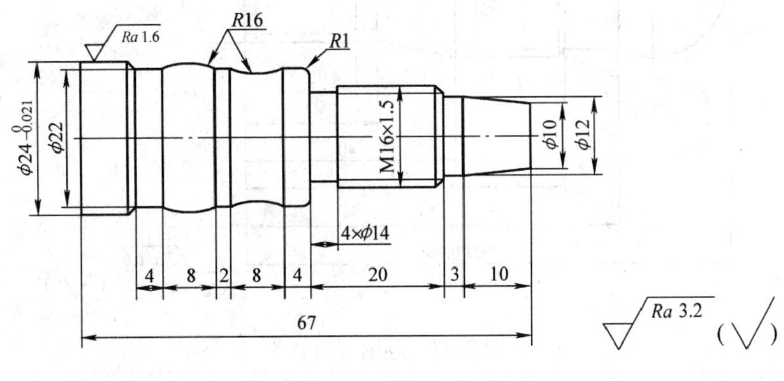

图2-54　题图（二）

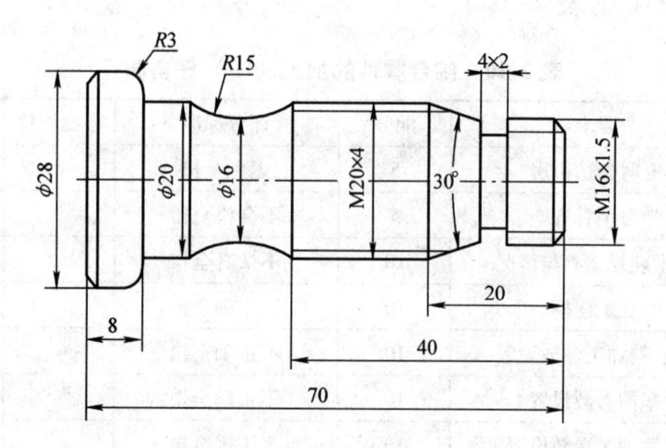

图 2-55 题图（三）

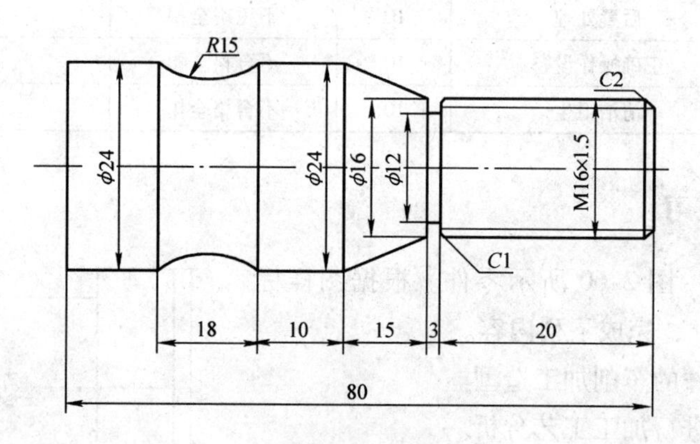

图 2-56 题图（四）

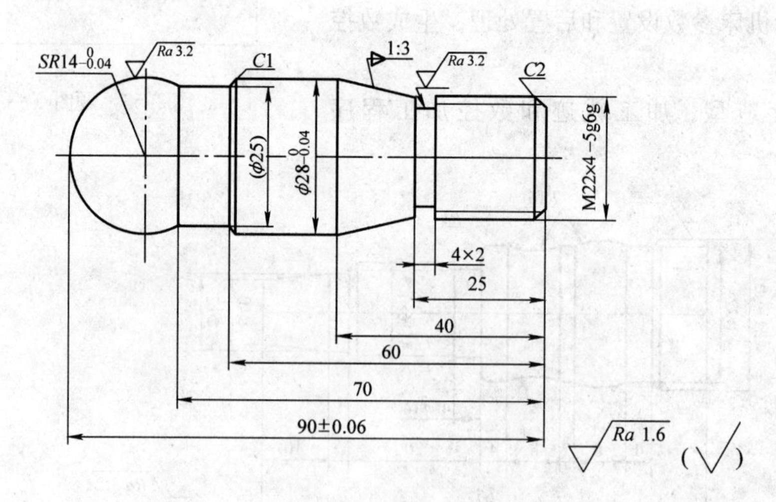

图 2-57 题图（五）

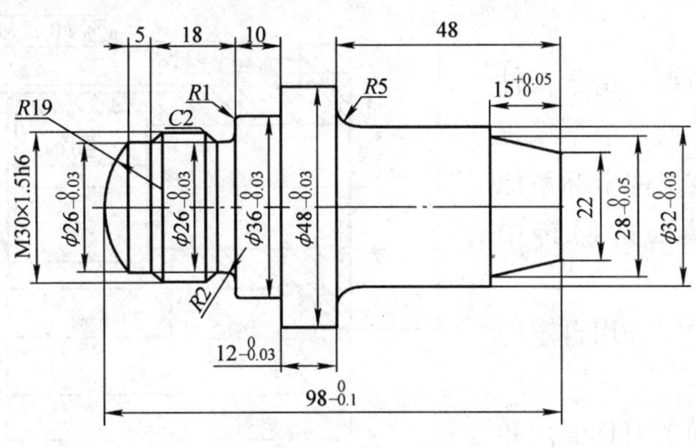

图 2-58　题图（六）

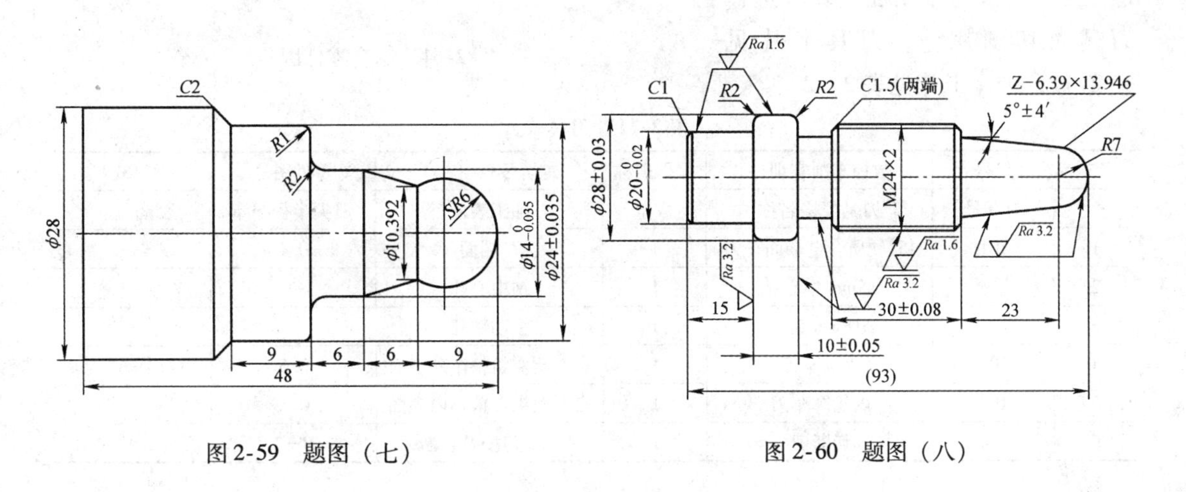

图 2-59　题图（七）　　　　　图 2-60　题图（八）

任务五　综合零件的加工（二）

一、学习目标

能力目标：完成综合零件的图样绘制、加工参数的设置及后置处理。

知识目标：进一步学习外轮廓粗、精加工，车槽，内轮廓粗、精加工参数的设置，以及机床参数设置、程序处理等。

二、任务布置

加工图 2-61 所示的综合零件，毛坯为 ϕ45mm × 45mm 的 45 钢。完成零件的工艺分析、自动编程及加工。

三、任务实施

1. 工艺分析

该综合零件的加工包括外轮廓的粗、精加工，车槽，钻孔，内轮廓的粗、精加工及切断

等典型工序。

（1）确定编程原点　由于工件在长度方向要求比较低，根据编程原点的确定原则，该工件坐标系原点设置在零件右端面的回转中心处。

（2）定位和装夹　采用自定心卡盘进行定位和装夹。

（3）编制数控加工刀具卡片和加工工序卡片　根据加工要求选择刀具及切削用量，刀具卡片见表2-11，工序卡片见表2-12。

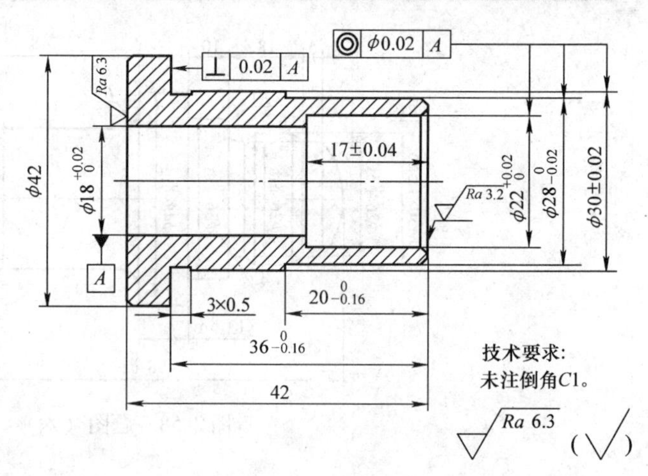

图2-61　综合零件图

表2-11　刀具卡片

产品名称代号		数控车削实训件	零件名称	综合零件（二）	零件图号	2-61
序号	刀具号	刀具规格名称	数量	加工表面	刀尖半径/mm	备注
1	T01	45°硬质合金端面车刀	1	车端面	0.4	—
2	—	φ5mm 中心钻	1	钻中心孔	—	—
3	—	φ18mm 钻头	1	手动钻孔	—	—
4	T02	外圆车刀	1	自右至左粗精车外表面	0.6	—
5	T03	内轮廓车刀	1	自右至粗左精车内表面	0.2	—
6	T04	切断刀	1	车退刀槽及切断	*B*=3	—

表2-12　工序卡片

单位名称	×××	产品名称及代号		零件名称		零件图号	
		数控车削实训件		综合零件（二）		2-61	
工序号	程序编号	夹具名称		使用设备		车间	
001		自定心卡盘		GSK980TD		数控中心	
工步	工步内容	刀具号	刀具规格/(mm×mm)	主轴转速/(r/min)	进给速度/(mm/r)	背吃刀量/mm	备注
1	手动加工右端面	T01	45°端面车刀	800	0.2	0.5	手动
2	钻中心孔	—	φ5mm 中心钻	1000	—	2	手动
3	手动钻孔	—	φ18mm 钻头	300	0.05	—	手动
4	粗加工外轮廓	T02	外圆车刀	800	0.2	1.0	自动
5	精加工外轮廓			1500	0.05	0.25	自动
6	粗加工内轮廓	T03	内轮廓车刀	600	0.1	1.0	自动
7	精加工内轮廓			1200	0.05	0.15	自动
8	加工外圆槽	T04	外切槽刀	300	0.1	刀宽	自动

2. 轮廓建模

用CAXA数控车软件绘制综合零件（二）轮廓图形，如图2-62所示。

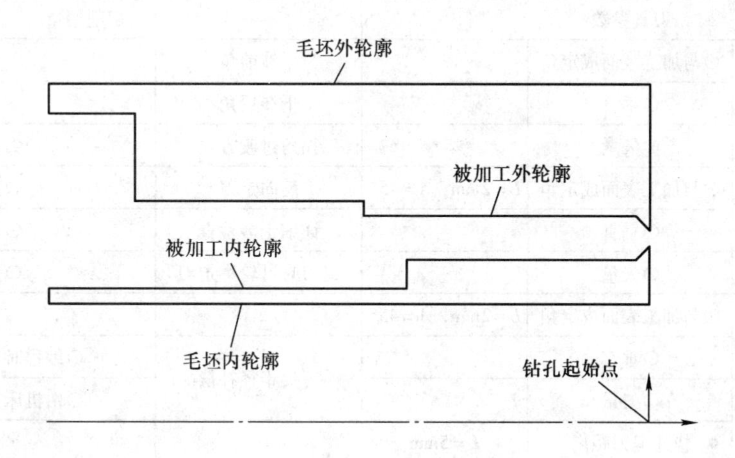

图 2-62　综合零件（二）轮廓图形

3. 编制加工程序

（1）设置外轮廓粗加工参数，生成外轮廓粗加工路线　在【数控车】菜单的子菜单中选取【轮廓粗车】，或者在工具条中单击▇图标，系统弹出【粗车参数表】对话框，如图 2-63 所示。按照表 2-13 所列加工参数填写对话框。

表 2-13　综合零件（二）外轮廓粗车参数

<table>
<tr><td colspan="3">刀具参数</td><td colspan="3">切削用量</td></tr>
<tr><td>刀具名</td><td colspan="2">93°外圆右偏刀</td><td rowspan="4">切削速度</td><td>进退刀时是否快速</td><td>○是⊙否</td></tr>
<tr><td>刀具号</td><td colspan="2">2</td><td>接近速度</td><td>0.1mm/r</td></tr>
<tr><td>刀具补偿号</td><td colspan="2">2</td><td>退刀速度</td><td>1mm/r</td></tr>
<tr><td>刀柄长度</td><td colspan="2">40mm</td><td>进给量</td><td>0.3mm/r</td></tr>
<tr><td>刀柄宽度</td><td colspan="2">15mm</td><td rowspan="3">主轴转速</td><td>恒转速</td><td>500r/min</td></tr>
<tr><td>刀具长度</td><td colspan="2">10mm</td><td>恒线速度</td><td>—</td></tr>
<tr><td>刀尖半径</td><td colspan="2">0.3mm</td><td>主轴最高转速</td><td>2000r/min</td></tr>
<tr><td>刀具前角</td><td colspan="2">85°</td><td rowspan="3">拟合方式</td><td>○直线拟合</td><td></td></tr>
<tr><td>刀具后角</td><td colspan="2">10°</td><td>⊙圆弧拟合</td><td></td></tr>
<tr><td>轮廓车刀类型</td><td colspan="2">⊙外轮廓车刀○内轮廓车刀○端面车刀</td><td>拟合圆弧最大半径</td><td>999mm</td></tr>
<tr><td>对刀点方式</td><td colspan="2">⊙刀尖尖点○刀尖圆心</td><td colspan="3">加工参数</td></tr>
<tr><td>刀具类型</td><td colspan="2">○普通刀具⊙球形刀具</td><td>加工表面类型</td><td colspan="2">⊙外轮廓○内轮廓○端面</td></tr>
<tr><td>刀具偏置方向</td><td colspan="2">⊙左偏○对中○右偏</td><td>加工方式</td><td colspan="2">⊙行切方式○等距方式</td></tr>
<tr><td colspan="3">进退刀方式</td><td>加工精度</td><td colspan="2">0.1mm</td></tr>
<tr><td rowspan="3">每行相对毛坯进刀方式</td><td>⊙与加工表面成定角</td><td>$L=2\text{mm}$，$A=45°$</td><td>加工余量</td><td colspan="2">0.3mm</td></tr>
<tr><td>○垂直</td><td></td><td>加工角度</td><td colspan="2">180°</td></tr>
<tr><td>○矢量</td><td></td><td>切削行距</td><td colspan="2">2mm</td></tr>
</table>

（续）

刀具参数			切削用量	
每行相对加工件表面进刀方式	⊙与加工表面成定角		干涉前角	0°
	○垂直		干涉后角	10°
	○矢量		拐角过渡方式	⊙尖角○圆弧
每行相对毛坯退刀方式	⊙与加工表面成定角	$L=2\text{mm}$，$A=45°$	反向走刀	○是⊙否
	○垂直		详细干涉检查	⊙是○否
	○矢量		退刀时沿轮廓走刀	○是⊙否
每行相对加工件表面退刀方式	⊙与加工表面成定角	$L=2\text{mm}$，$A=45°$		
	○垂直		刀尖半径补偿	⊙编程时考虑半径补偿
	○矢量			○由机床进行半径补偿
	快速退刀距离	$L=5\text{mm}$	—	—

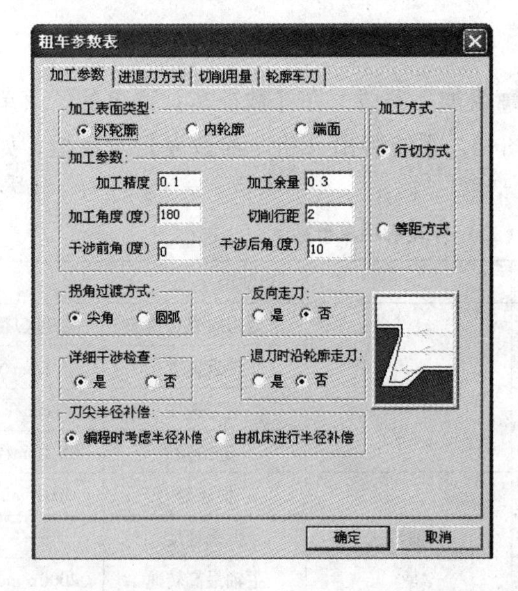

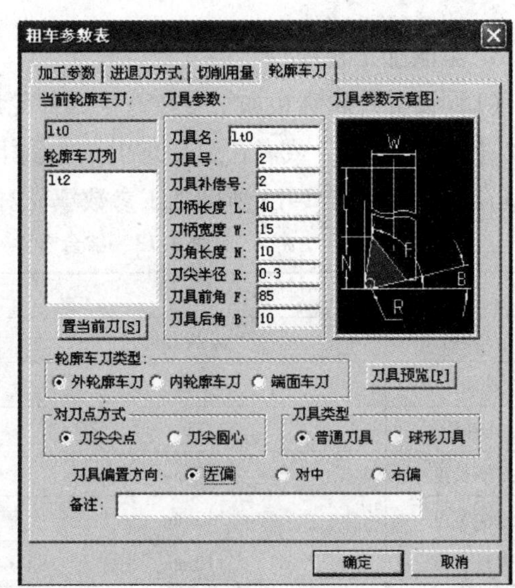

图 2-63　外轮廓粗加工参数设置

设置好粗加工参数后，拾取粗加工外轮廓和毛坯轮廓，设置进退刀点，生成粗加工刀具轨迹，如图 2-64 所示。

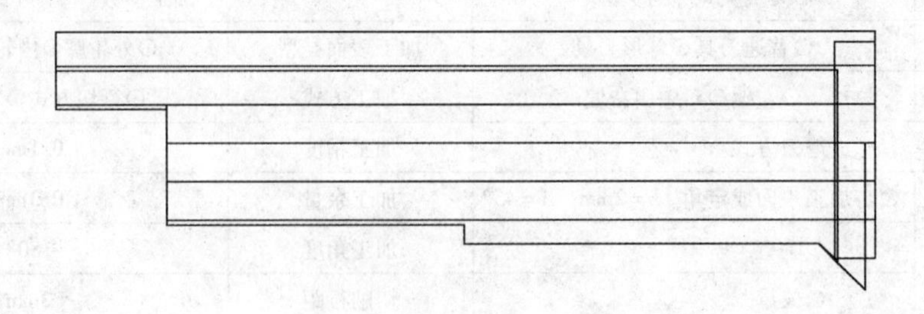

图 2-64　粗加工刀具轨迹

（2）设置外轮廓精加工参数，生成外轮廓精加工路线　与前面讲的粗加工参数设置类似，设置好精加工参数后，生成精加工刀具轨迹，如图 2-65 所示。

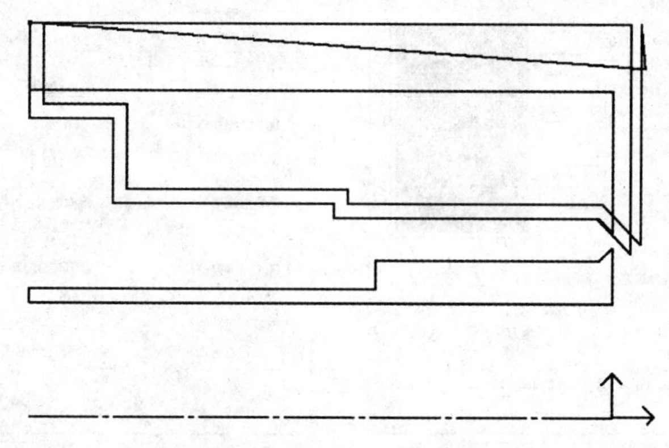

图 2-65　精加工刀具轨迹

（3）设置内轮廓粗加工参数，生成内轮廓粗加工路线　单击▬图标，系统弹出【粗车参数表】对话框，如图 2-66 所示。按照表 2-14 所列加工参数填写对话框。

表 2-14　内轮廓粗加工参数

刀具参数			切削用量		
刀具名	93°外圆右偏刀		切削速度	进退刀时是否快速	○是⊙否
刀具号	3			接近速度	0.1mm/r
刀具补偿号	3			退刀速度	1mm/r
刀柄长度	40mm			进给量	0.1mm/r
刀柄宽度	10mm		主轴转速	恒转速	800r/min
刀具长度	6mm			恒线速度	—
刀尖半径	0.2mm			主轴最高转速	2000r/min
刀具前角	85°		拟合方式	○直线拟合⊙圆弧拟合	
刀具后角	5°		加工参数		
轮廓车刀类型	○外轮廓车刀⊙内轮廓车刀○端面车刀		加工表面类型	○外轮廓⊙内轮廓○端面	
对刀点方式	⊙刀尖尖点○刀尖圆心		加工精度	0.1mm	
刀具类型	○普通刀具⊙球形刀具		加工余量	0.3mm	
刀具偏置方向	⊙左偏○对中○右偏		加工角度	180°	
进退刀方式			切削行距	1mm	
每行相对加工件表面进刀方式	⊙与加工表面成定角	$L=1\text{mm}$，$A=0°$	干涉前角	0°	
	○垂直		干涉后角	5°	
	○矢量		最后一行加工次数	1	
每行相对加工件表面退刀方式	⊙与加工表面成定角	$L=1\text{mm}$，$A=135°$	拐角过渡方式	⊙尖角○圆弧	
	○垂直		反向走刀	○是⊙否	
	○矢量		刀尖半径补偿	⊙编程时考虑半径补偿	
	快速退刀距离	$L=2\text{mm}$		○由机床进行半径补偿	

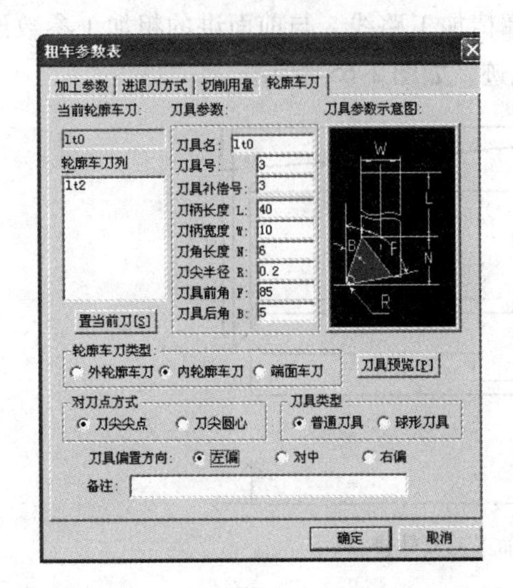

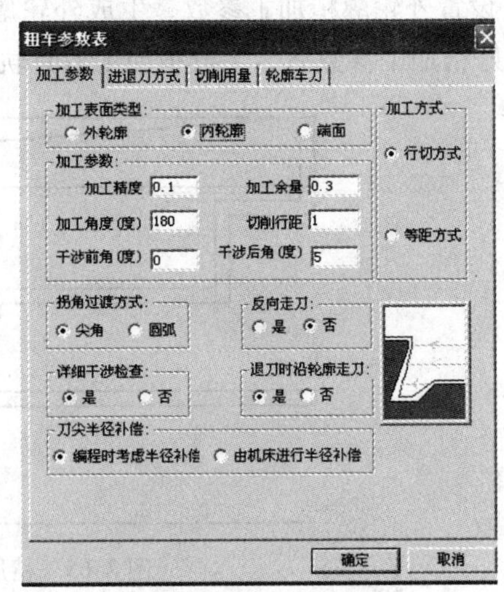

图 2-66　内轮廓粗加工参数设置

拾取内轮廓的粗车轮廓及毛坯轮廓，设置进退刀点，生成刀具轨迹，如图 2-67 所示。

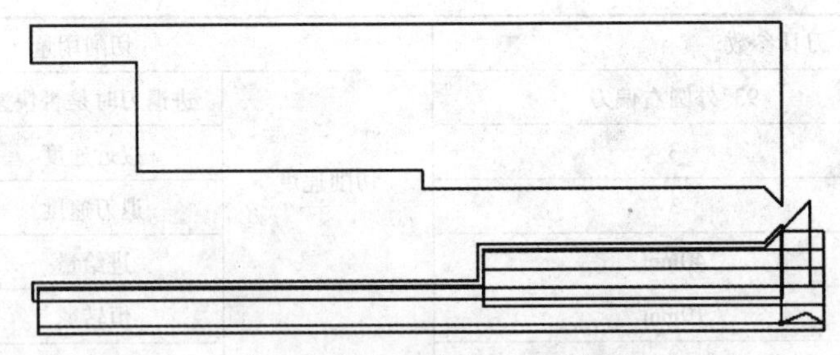

图 2-67　内轮廓粗加工刀具轨迹

（4）设置内轮廓精加工参数，生成内轮廓精加工路线（图 2-68）

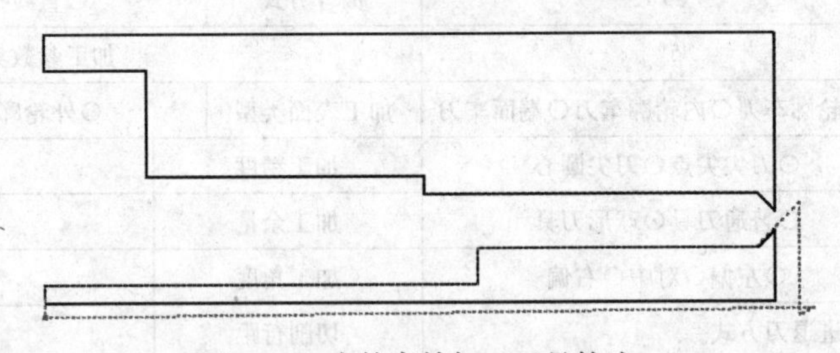

图 2-68　内轮廓精加工刀具轨迹

（5）设置车槽加工参数，生成刀具轨迹。

（6）轨迹仿真　拾取外轮廓粗、精加工轨迹，内轮廓粗、精加工轨迹，车槽加工轨迹，如图 2-69 所示，仿真动态图如图 2-70 所示。

（7）生成加工程序　单击【数控车】并选择【代码生成】，弹出【选择后置文件】对话框，确定文件位置和选择数控系统（GSK）。根据提示拾取粗、精加工轨迹，单击右键，弹出综合零件（二）数控加工程序，如图 2-71 所示。

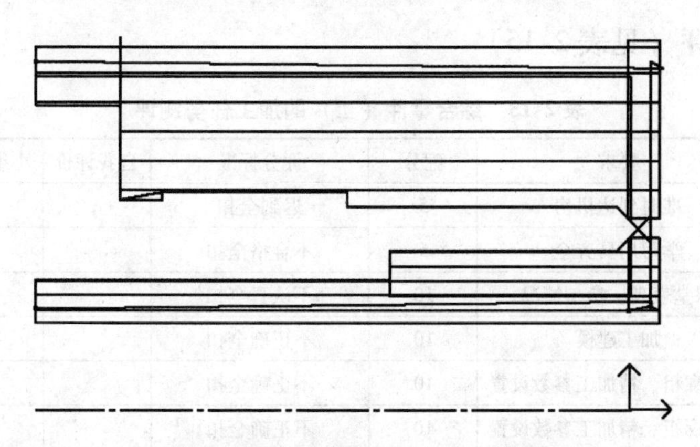

图 2-69　综合零件（二）加工轨迹

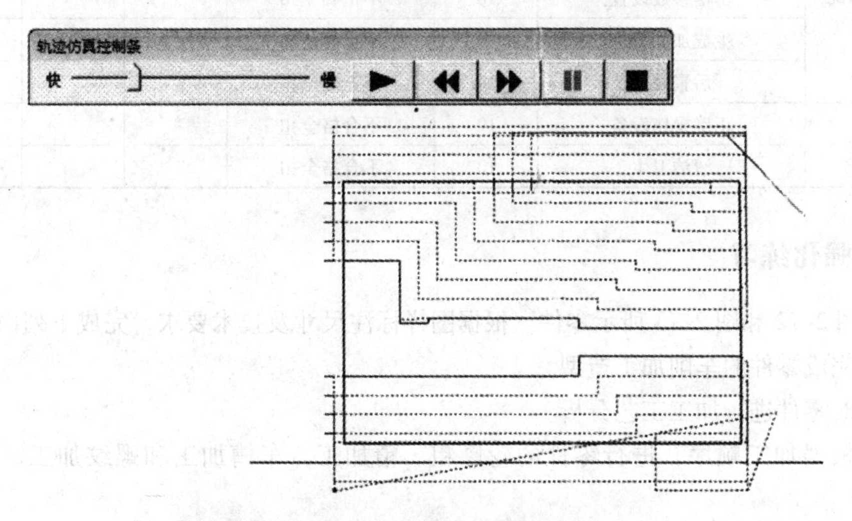

图 2-70　仿真动态图

NC0022.cut - 记事本

文件(F)　编辑(E)　格式(O)　查看(V)　帮助(H)

```
%
O1234
N20 G00 G97 S800 T0202
N30 M03
N40 M08
N50 G00 X50.995 Z2.104
N60 G00 Z2.000
N70 G00 X46.400
N80 G00 X42.400
N90 G00 Z0.000
N100 G98 G01 Z-42.000 F50.000
N110 G01 X46.000
N120 G00 X50.000
N130 G00 Z2.000
N140 G00 X38.400
N150 G00 Z0.000
N160 G01 Z-36.000 F50.000
N170 G01 X42.000
N180 G01 Z-42.000
N190 G01 X42.400
N200 G00 X46.400
```

Ln 4, Col

图 2-71　综合零件（二）数控加工程序

四、任务测评（见表2-15）

表2-15　综合零件（二）的加工任务测评

项目	要求	配分	评分标准	自我评价	小组评价	教师评价
课堂纪律	准时到达机房	5	迟到全扣			
	学习用具齐全	5	不合格全扣			
	课堂表现、参与情况	10	不认真全扣			
CAXA数控车软件学习情况	加工建模	10	不正确全扣			
	外轮廓粗、精加工参数设置	10	不正确全扣			
	内轮廓粗、精加工参数设置	10	不正确全扣			
	车槽参数设置	10	不正确全扣			
	生成加工轨迹	10	不正确全扣			
	后置处理	10	不正确全扣			
安全文明	正确操作设备	10	不合格全扣			
	清洁卫生	10	不合格全扣			

五、强化练习

加工图2-72和图2-73所示零件。根据图样标注尺寸及技术要求，完成下列内容。

（1）完成零件的车削加工造型。

（2）对零件进行加工工艺分析。

（3）根据加工顺序，进行零件的轮廓粗、精加工，车槽加工和螺纹加工，生成加工轨迹。

（4）进行机床参数设置和后置处理，生成数控加工程序。

（5）保存造型、加工轨迹和数控加工程序文件。

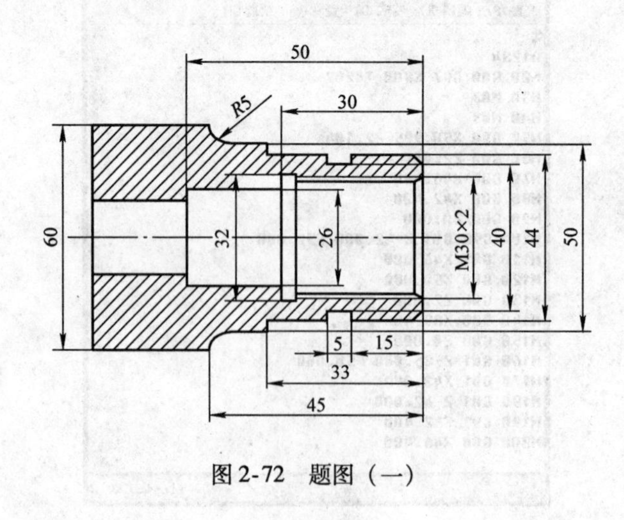

图2-72　题图（一）

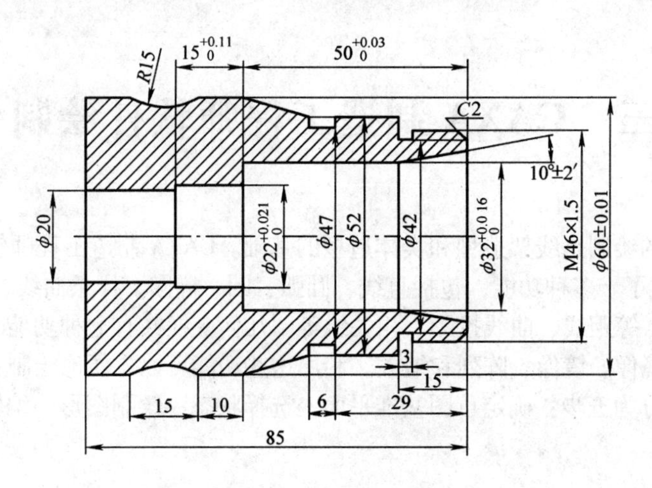
R15
$15^{+0.11}_{0}$
$50^{+0.03}_{0}$
C2
10°±2′
ϕ20
$\phi22^{+0.021}_{0}$
ϕ47
ϕ52
ϕ42
$\phi32^{+0.016}_{0}$
M46×1.5
ϕ60±0.01
3
15
15
10
6
29
85

图 2-73　题图（二）

学习情境三　CAXA制造工程师软件绘制平面零件

点、线、圆弧的绘制是线架造型和实体造型的基础。CAXA 制造工程师软件为“草图”或“线架”的绘制提供了十多种功能，包括直线、圆弧、圆、椭圆、样条曲线、文字、公式曲线、多边形、二次曲线、等距线、曲线投影、相关线等。几何变换共有七种功能，包括平移、平面旋转、旋转、平面镜像、镜像、阵列和缩放。利用这些功能可以方便地绘制各种复杂的图形。

绘制草图可以分为五步：确定草图基准平面→选择状态→绘制图形→编辑图形→草图参数化修改。

任务一　基本曲线的绘制与编辑

一、学习目标

能力目标：能独立运用 CAXA 制造工程师软件的各功能绘制出各种复杂图形。

知识目标：学习 CAXA 制造工程师软件为“草图”和“线架”的绘制提供的十多种功能，包括直线、圆弧、圆、椭圆、样条曲线、文字、公式曲线、多边形、二次曲线、等距线、曲线投影和相关线等。

二、任务布置

完成图 3-1 所示图形的绘制。

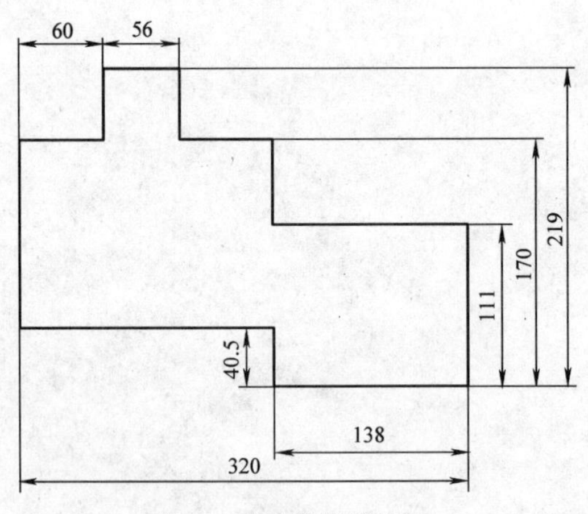

图 3-1　基本曲线零件图

三、任务实施

1. 启动 CAXA 制造工程师软件

双击桌面上的【CAXA 制造工程师 2011】图标，或者单击桌面左下角的【开始】→

【程序】→【CAXA 制造工程师 2011】，启动 CAXA 制造工程师软件，如图 3-2 所示。

CAXA 制造工程师的用户界面和其他 Windows 风格的软件一样，各种应用功能通过菜单和工具条驱动；状态栏指导用户进行操作并提示当前状态和所处位置；特征/轨迹树为记录了历史操作和相互关系；绘图区显示各种功能操作的结果；同时，绘图区和特征/轨迹树为用户提供了数据的交互的功能。

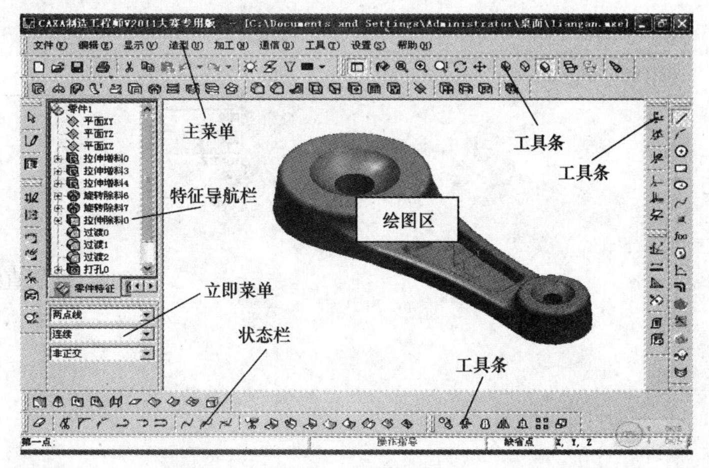

图 3-2　功能菜单

CAXA 制造工程师软件工具条中的每一个按钮都对应一个菜单命令，单击按钮和单击菜单命令的效果是相同的，只是工具条操作起来更方便一些。

2. 绘制图形

1）选择平面，单击绘制草图图标，如图 3-3 所示，即可进行草图的绘制。

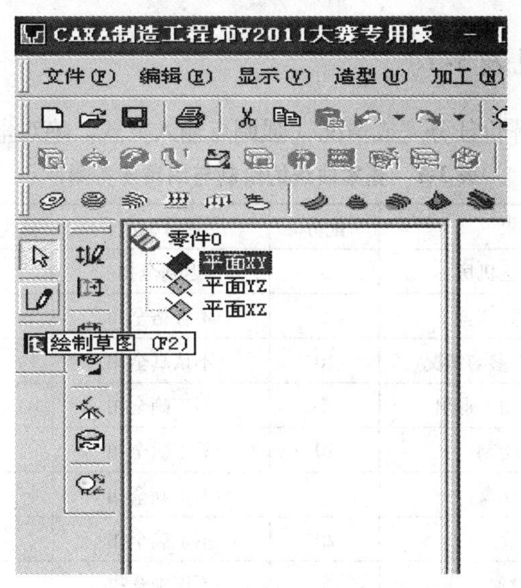

图 3-3　绘制草图图标

2）单击【曲线生成菜单】中的【直线】功能。

3）在【立即菜单】中依次设置选项【两点线】、【连续】、【正交】、【点】方式或【长度】方式，点方式是输入点坐标，长度方式是输入线的长度，如图 3-4 所示。

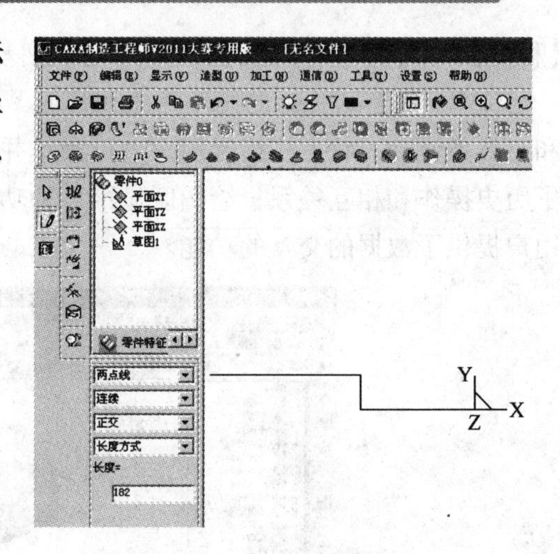

图 3-4　绘制直线

4）输入完全坐标或不完全坐标（增量坐标前需加@）。完全坐标如“30，30，50”代表坐标 $X=30$，$Y=30$，$Z=50$；不完全坐标中 X、Y、Z 三个坐标中不变化的可以省略不写，如“60，0，40”可以写成“60，，40”。

例：点方式

原点

@ −138

@，40.5

−320，40.5

−320，219

@60

@，49

@56

@，−49

−138，219

−138，170

0，170

0，0

这样依次输入绝对坐标或增量坐标，即可完成图 3-1 所示的图形。然后退出草图，保存即可。

四、任务测评（见表 3-1）

抽查学生绘图情况，评价任务完成情况（强调点输入方式，绝对坐标与增量坐标的表示）。

表 3-1　基本曲线的绘制与编辑任务测评

项目	要求	配分	评分标准	自我评价	小组评价	教师评价
课堂纪律	准时到达机房	5	迟到全扣			
	学习用具齐全	5	不合格全扣			
	课堂表现、参与情况	10	不认真全扣			
CAXA 制造工程师软件学习情况	软件的启动、退出	5	不正确全扣			
	直线绘制	20	不正确全扣			
	文件存盘	5	不正确全扣			
	点的输入	20	不正确全扣			
	层设置	5	不正确全扣			
	系统设置	5	不正确全扣			
安全文明	正确操作设备	10	不合格全扣			
	清洁卫生	10	不合格全扣			

五、强化练习

用 CAXA 制造工程师软件完成图 3-5 所示图形的绘制。

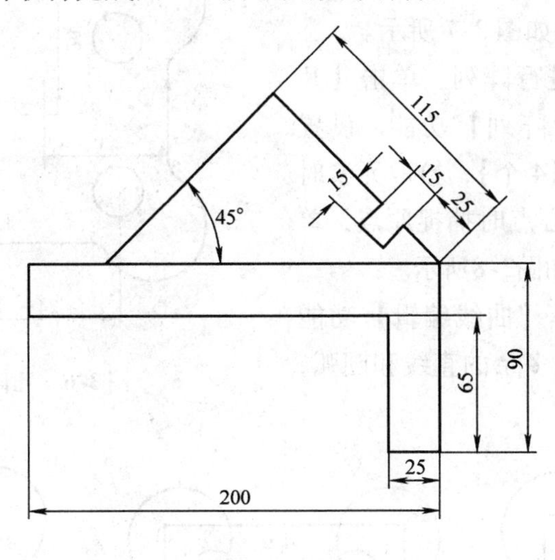

图 3-5　题图

任务二　几 何 变 换

几何变换对于编辑图形和曲面有着极其重要的作用，可以极大地方便用户绘图。几何变换是指对线、面进行变换，对造型实体无效，且几何变换前后线面的颜色、图层等属性不发生变化。几何变换共有七种功能，包括平移、平面旋转、旋转、平面镜像、镜像、阵列和缩放。

一、学习目标

能力目标：能对零件图进行平移、平面旋转、旋转、平面镜像、镜像、阵列和缩放操作。

知识目标：学习几何变换的七种功能，包括平移、平面旋转、旋转、平面镜像、镜像、阵列和缩放。

二、任务布置

完成图 3-6 所示零件图的绘制。此图形既可以用直线、圆弧功能及线面编辑功能绘制，又可以运用几何变换功能进行处理。实际绘图后，比较哪种方式更为简单方便。

三、任务实施

1）单击【矩形】工具，设置中心→长→宽，绘制长 40mm、宽 40mm，中心在原点的矩形。

2）单击【整圆】工具，用“圆心－半径”方式绘制 $R8.75$mm 的圆，圆心坐标为（17.5，17.5）；绘制 $R4$mm 的圆，圆心坐标为（12，12）。操作结果如图 3-7 所示。

3）利用阵列功能进行阵列。单击【几何变换】工具栏里的【阵列】功能，设置【圆形】→【均布】→【4 个】，拾取元素时选取两个圆弧，输入中心点时捕捉原点，单击右键确定，操作结果如图3-8所示。

4）曲线修剪。选择【曲线编辑】功能中的【曲线裁剪】，删除多余的直线和圆弧，结果如图3-9所示。

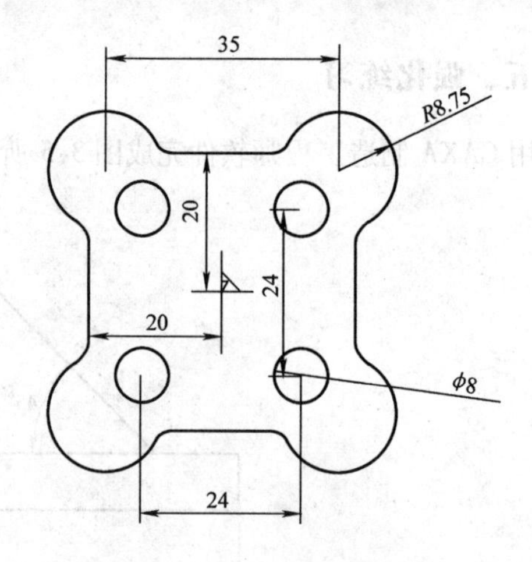

图 3-6　几何变换零件图

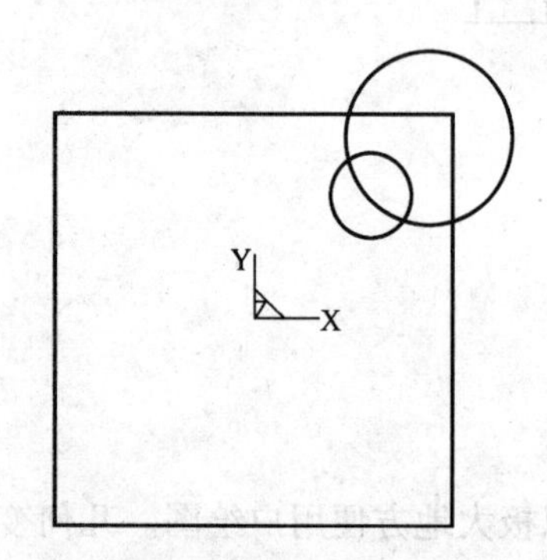

图 3-7　绘制圆

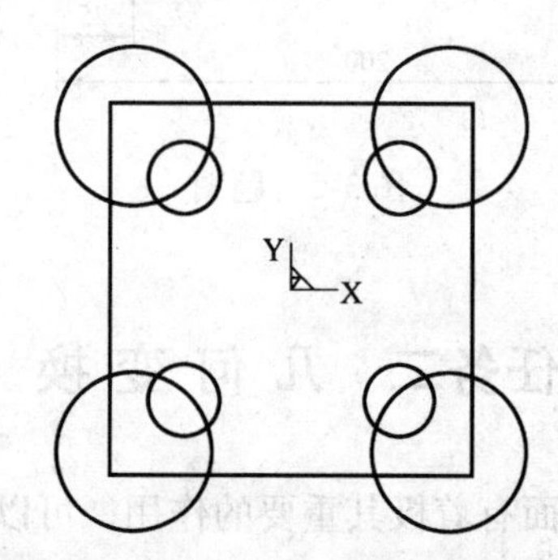

图 3-8　阵列后的效果

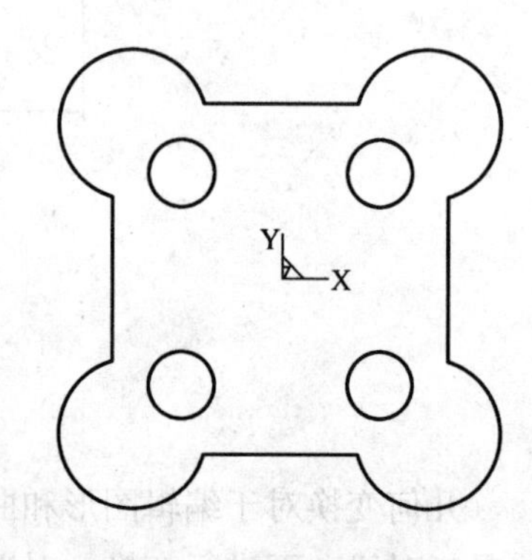

图 3-9　曲线裁剪后的效果

5）倒圆角。选择【曲线编辑】功能中的【曲线过渡】，输入半径 5mm，依次倒圆角，结果如图 3-6 所示（暂时不进行尺寸标注）。至此完成图形的绘制。

四、任务测评（见表 3-2）

表 3-2　几何变换任务测评

项目	要求	配分	评分标准	自我评价	小组评价	教师评价
课堂纪律	准时到达机房	5	迟到全扣			
	学习用具齐全	5	不合格全扣			
	课堂表现、参与情况	10	不认真全扣			
CAXA 制造工程师软件学习情况	绘制矩形、圆弧	10	不正确全扣			
	阵列操作	20	不正确全扣			
	图形修整	20	不正确全扣			
	存盘	10	不正确全扣			
安全文明	正确操作设备	10	不合格全扣			
	清洁卫生	10	不合格全扣			

五、强化练习

1. 利用矩形、阵列等功能绘制图 3-10 所示的机箱后盖。

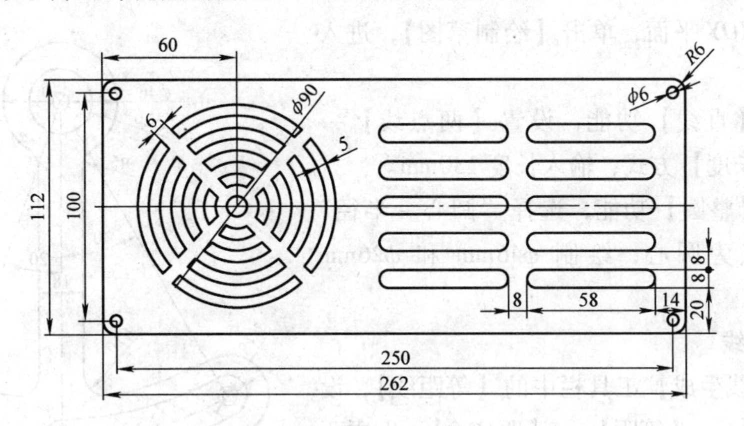

图 3-10　题 1 图

2. 利用环形阵列功能完成图 3-11 所示图形的绘制。

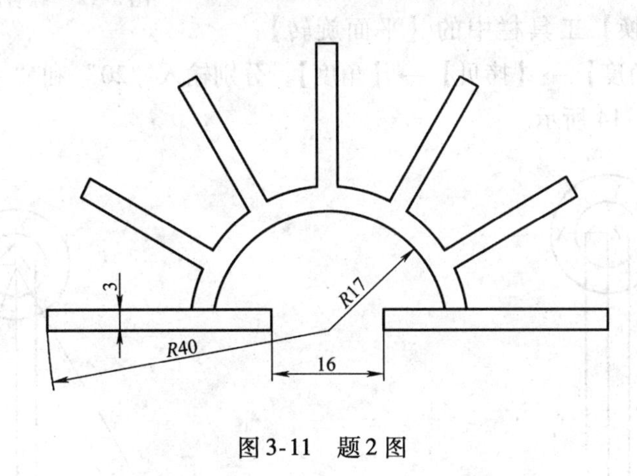

图 3-11　题 2 图

任务三　综合曲线的绘制

一、学习目标

能力目标：熟练掌握曲线绘制命令的使用方法，进一步提高绘图能力及技巧。

知识目标：综合运用所学线架造型和线架编辑命令（等距线、旋转功能等）完成图形的绘制。

二、任务布置

绘制图 3-12 所示的综合曲线图形（可以不绘制点画线，不标注尺寸）。

三、任务实施

1. 绘制直线和圆弧

1）选择 *XOY* 平面，单击【绘制草图】，进入绘图状态。

2）单击【直线】功能，设置【两点线】→【正交】→【长度】方式，输入长度 130mm。

3）单击【整圆】功能，选择“圆心－半径”方式，以原点为圆心，绘制 ϕ46mm 和 ϕ26mm 的圆。

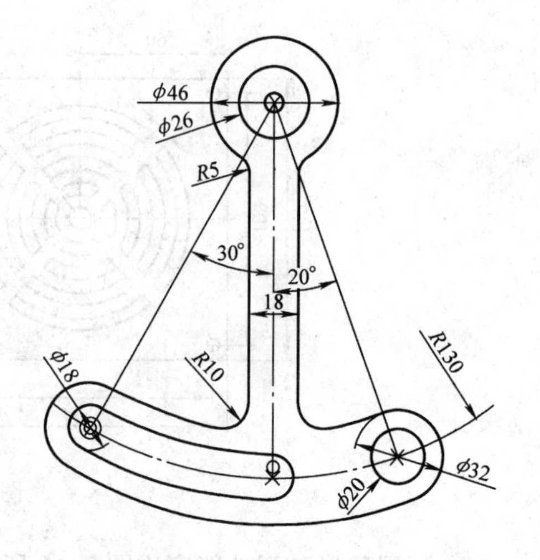

图 3-12　综合曲线零件图

2. 作等距线

单击【曲线生成】工具栏中的【等距线】，设置【单根曲线】→【等距】→【距离 9】，生成两条等距线，如图 3-13 所示。

3. 作旋转直线，分别生成 20°、30°的两条直线

单击【几何变换】工具栏中的【平面旋转】按钮，设置【固定角度】→【拷贝】→【角度】，分别输入“20”和“－30”，单击右键确定。操作结果如图 3-14 所示。

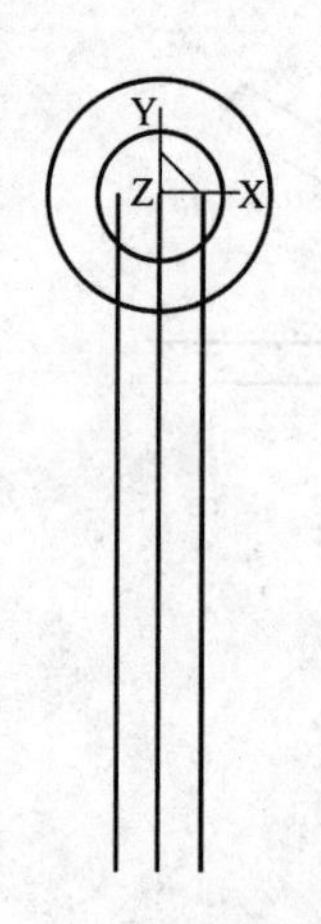

图 3-13　等距线的绘制

图 3-14　旋转直线的绘制

4. 绘制圆弧

1）捕捉直线端点作为圆心，绘制 ϕ32mm、ϕ20mm 和 ϕ18mm 的整圆。

2）用“两点－半径”方式绘制圆弧。单击【圆弧】，按空格键弹出快捷菜单，选择【切点】，捕捉切点绘制 *R*146mm、*R*114mm、*R*139mm、*R*121mm 四段圆弧，如图 3-15 所示。

5. 修剪图形，倒圆角

按图形需要进行图素的修剪，用【曲线过渡】功能进行 *R*5mm、*R*10mm 圆角处理。最后得到图 3-16 所示的图形。

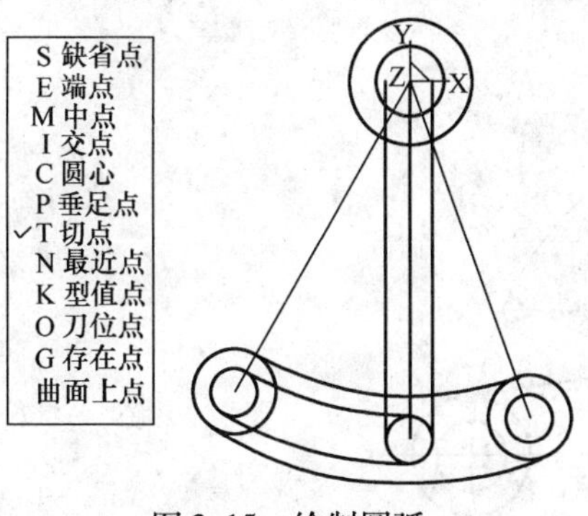

图 3-15　绘制圆弧

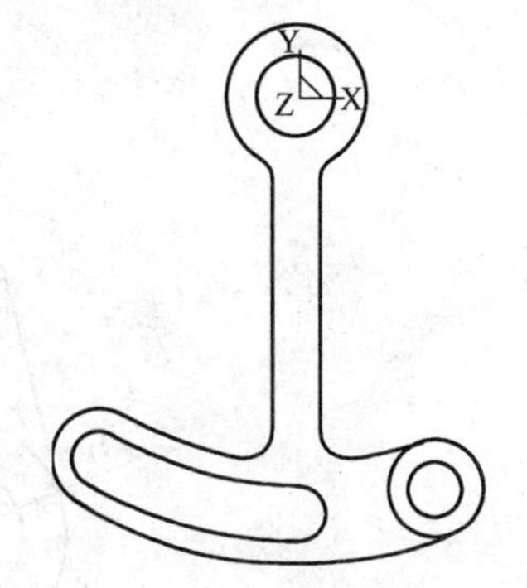

图 3-16　裁剪和倒圆角后的效果

四、任务测评（见表 3-3）

表 3-3　综合曲线的绘制任务测评

项目	要求	配分	评分标准	自我评价	小组评价	教师评价
课堂纪律	准时到达机房	5	迟到全扣			
	学习用具齐全	5	不合格全扣			
	课堂表现、参与情况	10	不认真全扣			
CAXA 制造工程师软件学习情况	直线、圆弧、圆的绘制	10	不正确全扣			
	曲线裁剪功能的应用	20	不正确全扣			
	曲线过渡功能的应用	10	不正确全扣			
	等距线功能的应用	10	不正确全扣			
	平面旋转功能的应用	10	不正确全扣			
安全文明	正确操作设备	10	不合格全扣			
	清洁卫生	10	不合格全扣			

五、强化练习

完成图 3-17 ~ 图 3-20 所示图形的绘制。

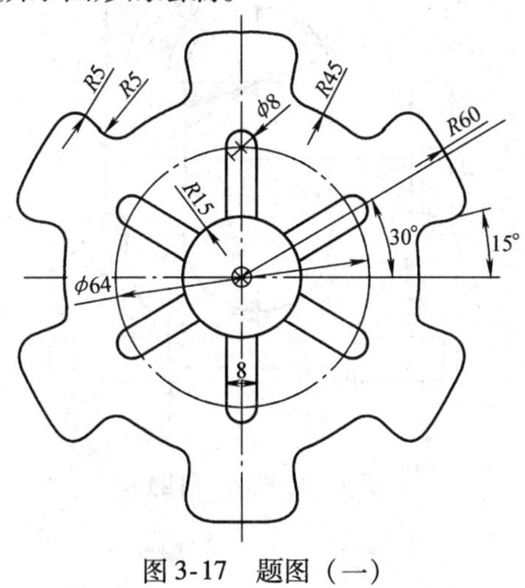

图 3-17　题图（一）

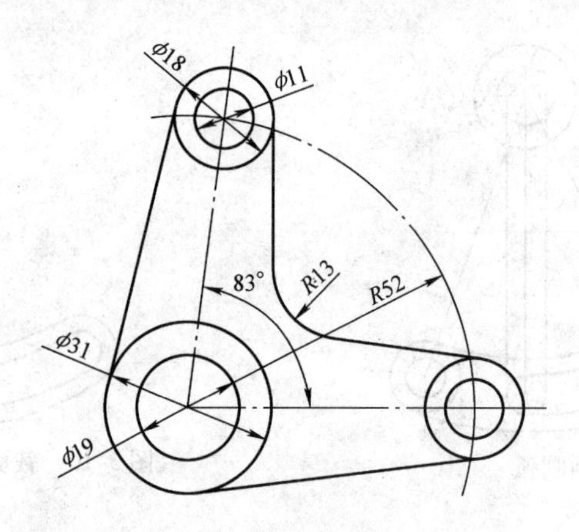

图 3-18 题图（二）

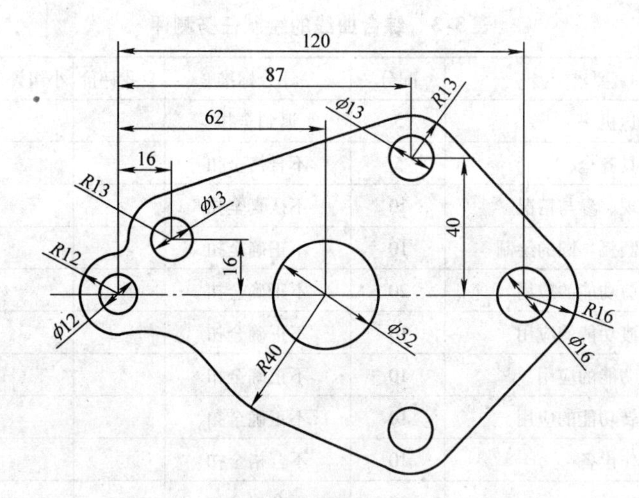

图 3-19 题图（三）

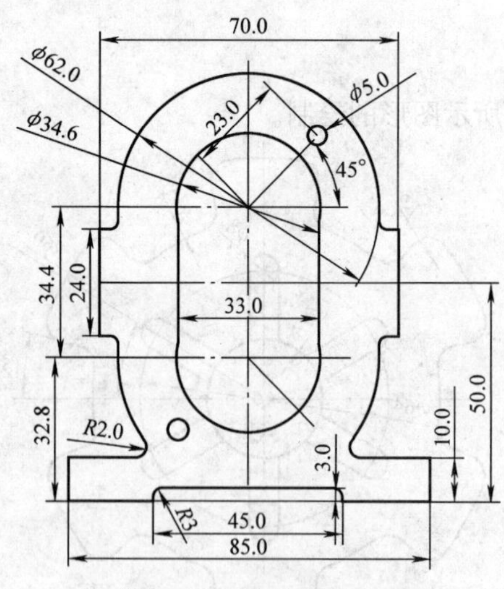

图 3-20 题图（四）

学习情境四　CAXA 制造工程师软件实体特征造型

实体特征造型是 CAXA 制造工程师软件中的重要功能。CAXA 制造工程师软件采用精确的特征造型技术，运用【特征工具】中的拉伸、旋转、放样、导动造型方式、特征处理、阵列特征、实体布尔运算、实体抽壳、拔模等方法，方便快捷地将设计信息用特征术语进行描述，利用特征树，可以方便地对特征进行编辑修改。整个零件设计过程直观、简单、准确。

任务一　凸台零件的造型

拉伸增料：将一个轮廓曲线根据指定的距离作拉伸操作，用以生成一个增加材料的特征。拉伸类型包括固定深度、双向拉伸和拉伸到面，如图 4-1 所示。

拉伸除料：将一个轮廓曲线根据指定的距离作拉伸操作，用以生成一个减去材料的特征。

拉伸类型包括固定深度、双向拉伸、拉伸到面和贯穿，如图 4-2 所示。

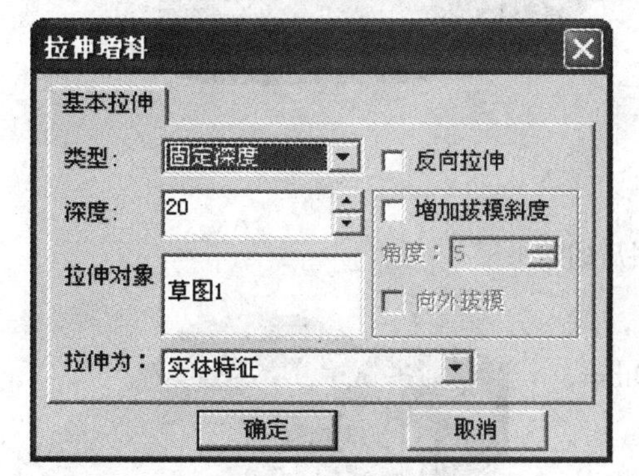

图 4-1　【拉伸增料】对话框

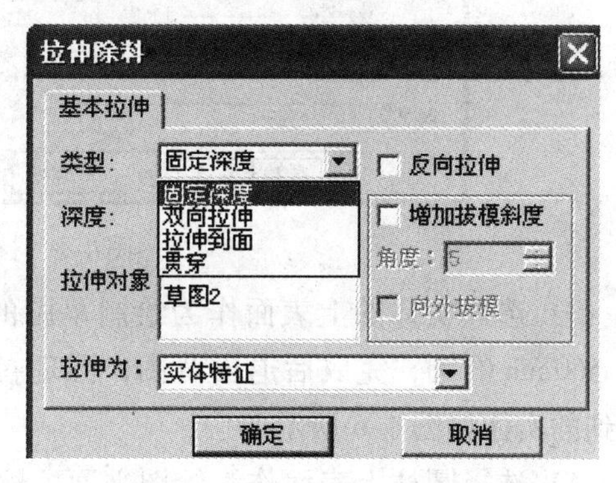

图 4-2　【拉伸除料】对话框

一、学习目标

能力目标：能够综合运用拉伸增料和拉伸除料命令完成实体图形的构建。

知识目标：掌握草图的绘制方法，熟悉拉伸增料和拉伸除料功能。

二、任务布置

完成图 4-3 所示凸台零件的造型。

三、任务实施

选择【平面】→【绘制草图】→【拉伸增料】（【拉伸除料】） 是最常用的实体造型方式。

1）选择 *XOY* 平面绘制草图，如图 4-4 所示，然后退出草图。

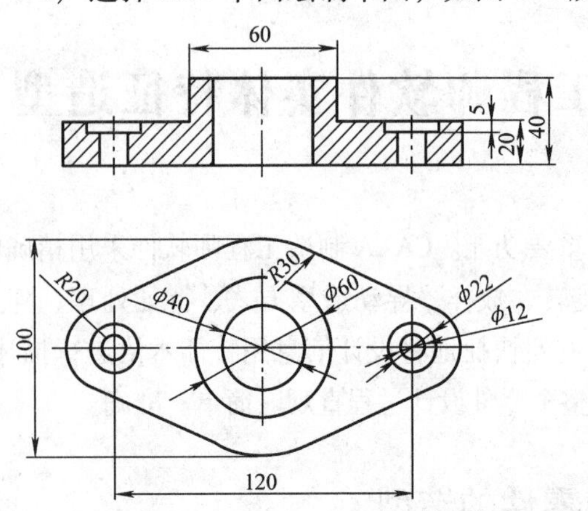

图 4-3　凸台零件图

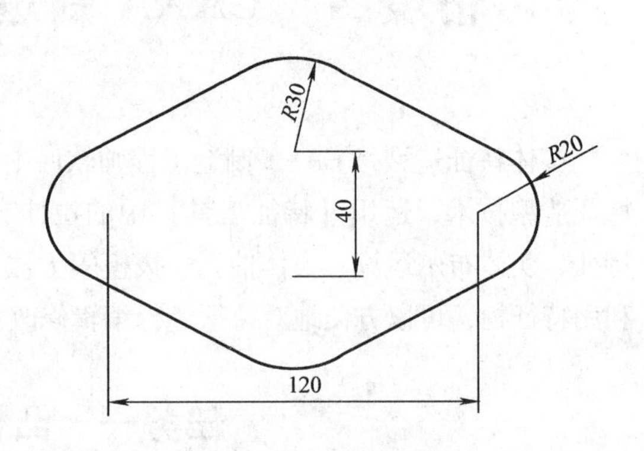

图 4-4　绘制草图

2）单击【拉伸增料】按钮，设置拉伸深度 20mm，确定后如图 4-5 所示。

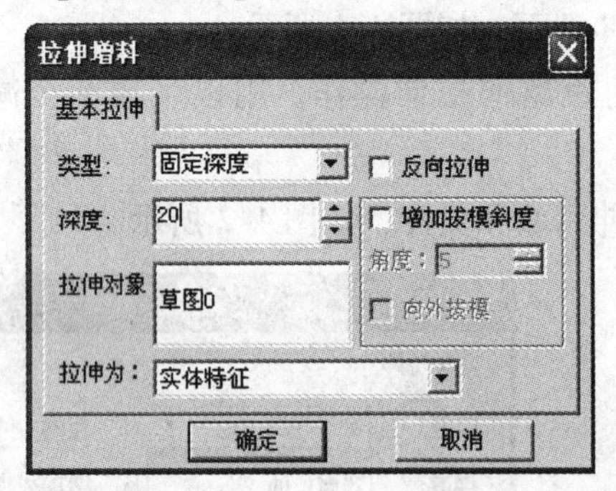

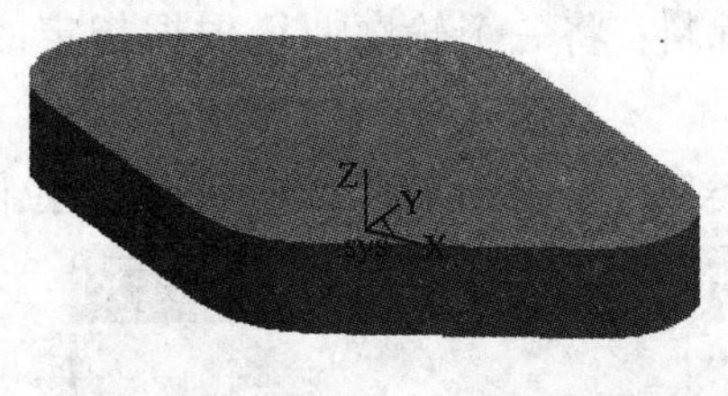

图 4-5　拉伸增料后的效果

3）选择实体的上表面作为绘制草图的平面，绘制 ϕ60mm 的圆，完成后退出草图；同理拉伸 20mm，得到的实体如图 4-6 所示。

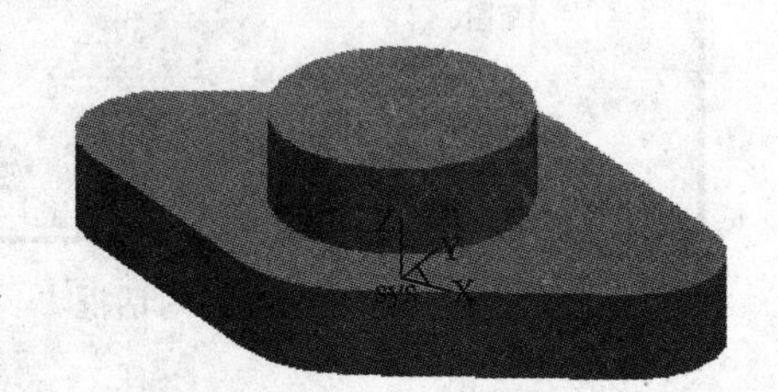

图 4-6　ϕ60mm 实体图

4）选择圆柱上表面作为绘图平面，绘制 ϕ40mm 的圆，完成后退出草图。选择【拉伸除料】选项，类型为【贯穿】，如图 4-7 所示。

5）完成沉头孔的造型，操作结果如图 4-8 所示。

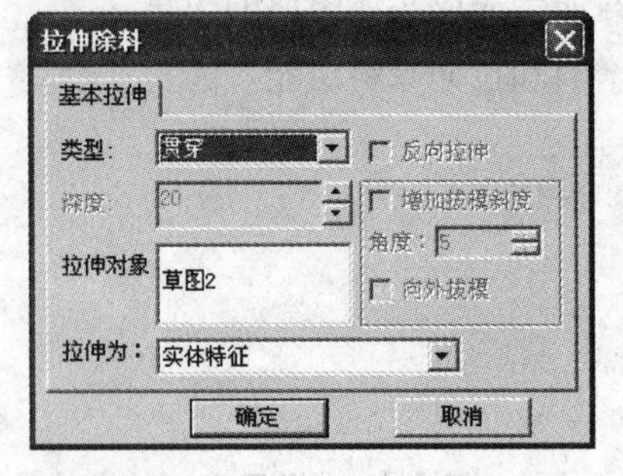

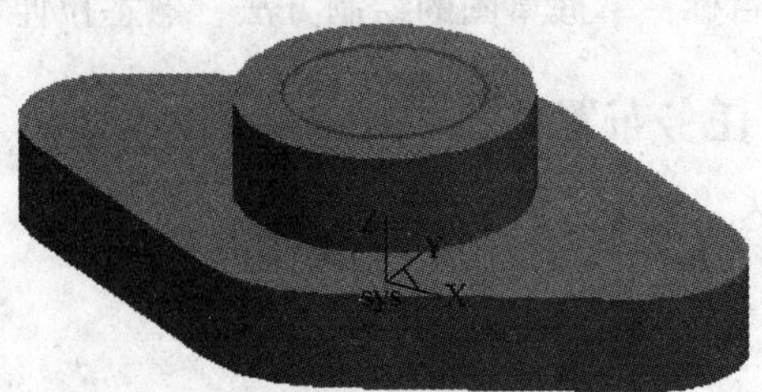

图 4-7　【拉伸除料】设置

图 4-8　零件成形图

四、任务测评（见表 4-1）

表 4-1　凸台零件的造型任务测评

项目	要求	配分	评分标准	自我评价	小组评价	教师评价
课堂纪律	准时到达机房	5	迟到全扣			
	学习用具齐全	5	不合格全扣			
	课堂表现、参与情况	10	不认真全扣			
CAXA 制造工程师软件学习情况	轮廓的绘制	10	不正确全扣			
	曲线裁剪功能的应用	10	不正确全扣			
	底板实体构建	10	不正确全扣			
	凸台构建	10	不正确全扣			
	拉伸除料的应用	10	不正确全扣			
	孔的构建	10	不正确全扣			
安全文明	正确操作设备	10	不合格全扣			
	清洁卫生	10	不合格全扣			

五、强化练习

完成图 4-9 和图 4-10 所示零件的实体造型。

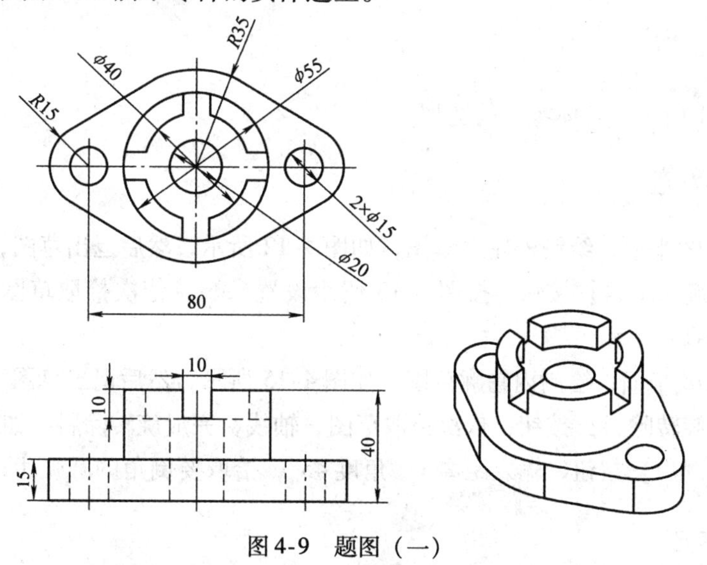

图 4-9　题图（一）

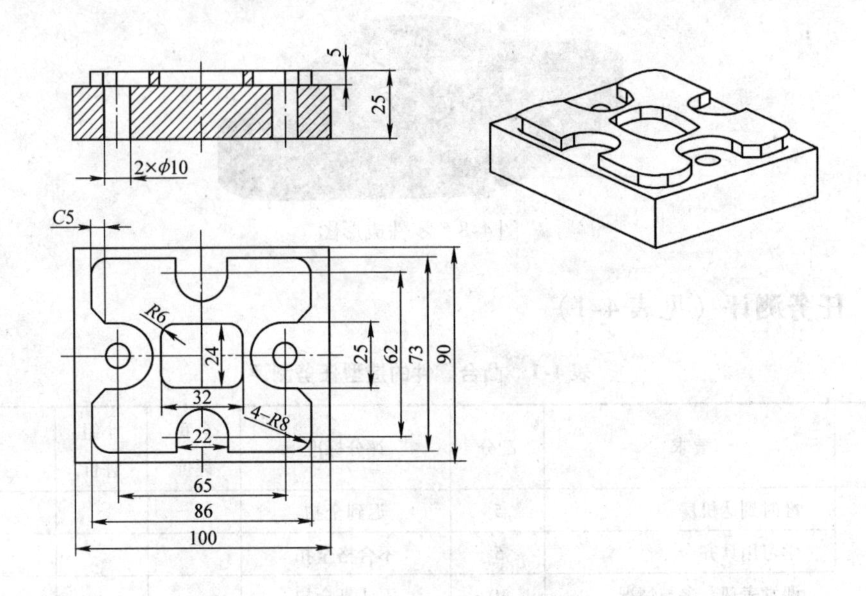

图 4-10　题图（二）

任务二　回转体零件的造型

旋转增料：通过围绕一条空间直线旋转一个或多个封闭轮廓，增加生成一个特征。

旋转除料：通过围绕一条空间直线旋转一个或多个封闭轮廓，移除生成一个特征。

一、学习目标

能力目标：综合运用旋转增料和旋转除料命令完成实体图形的构建。

知识目标：学习旋转增料和旋转除料命令。

二、任务布置

完成图 4-11 所示回转体零件的造型。

三、任务实施

1）选取 *XOZ* 平面，绘制外轮廓草图，如图 4-12 所示，然后退出草图，绘制旋转轴线。

2）单击【旋转增料】按钮，按图 4-13 所示设置参数，依次拾取草图、轴线，完成旋转增料，如图 4-14 所示。

3）选取 *XOZ* 平面，绘制内轮廓草图，如图 4-15 所示，然后退出草图。

4）单击【旋转除料】按钮，依次拾取草图、轴线，完成旋转除料，如图 4-16 所示。

5）单击【倒角】按钮，输入距离 1、角度 45°，拾取要倒角的圆弧边，即可完成倒角，如图 4-17 所示。

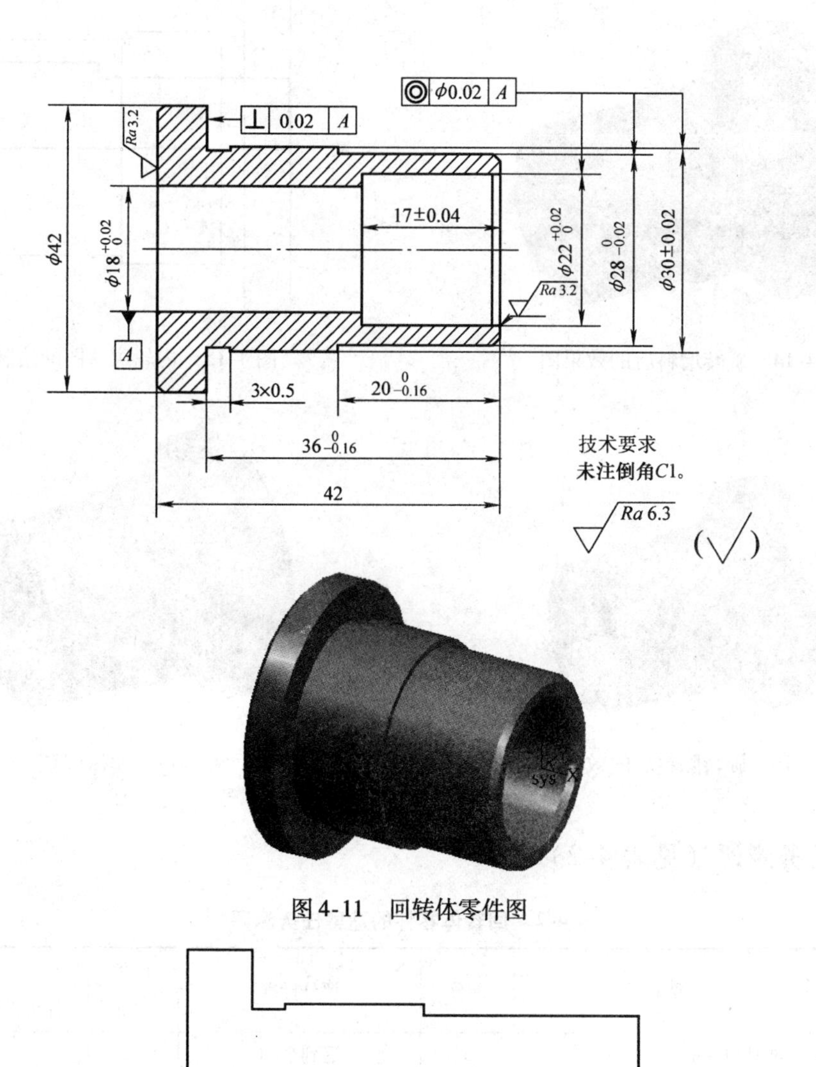

图 4-11　回转体零件图

图 4-12　外轮廓草图绘制

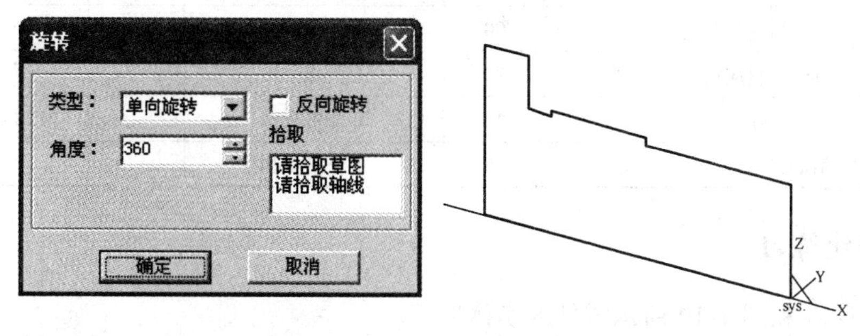

图 4-13　【旋转增料】设置

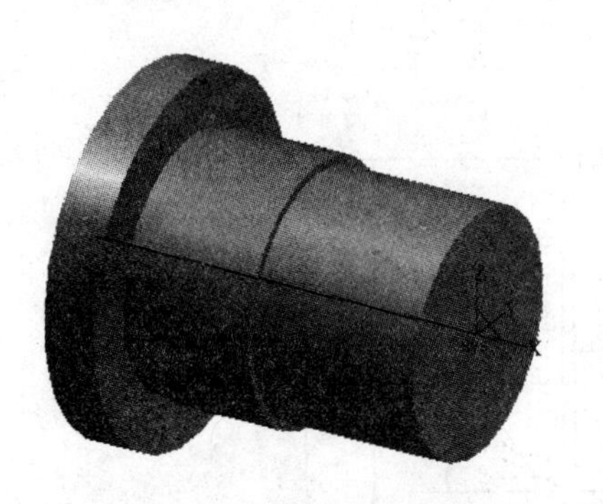

图 4-14　旋转增料后的效果图

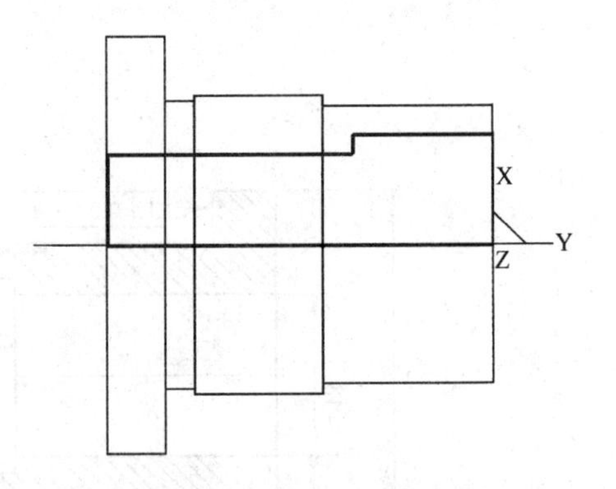

图 4-15　内轮廓草图的绘制

图 4-16　旋转除料后的效果图

图 4-17　实体倒角

四、任务测评（见表 4-2）

表 4-2　回转体零件的造型任务测评

项目	要求	配分	评分标准	自我评价	小组评价	教师评价
课堂纪律	准时到达机房	5	迟到全扣			
	学习用具齐全	5	不合格全扣			
	课堂表现、参与情况	10	不认真全扣			
CAXA 制造工程师软件学习情况	构图平面选择	10	不正确全扣			
	轮廓的绘制	10	不正确全扣			
	旋转增料的应用	20	不正确全扣			
	旋转除料应用	20	不正确全扣			
安全文明	正确操作设备	10	不合格全扣			
	清洁卫生	10	不合格全扣			

五、强化练习

完成图 4-18 和图 4-19 所示零件的实体造型。

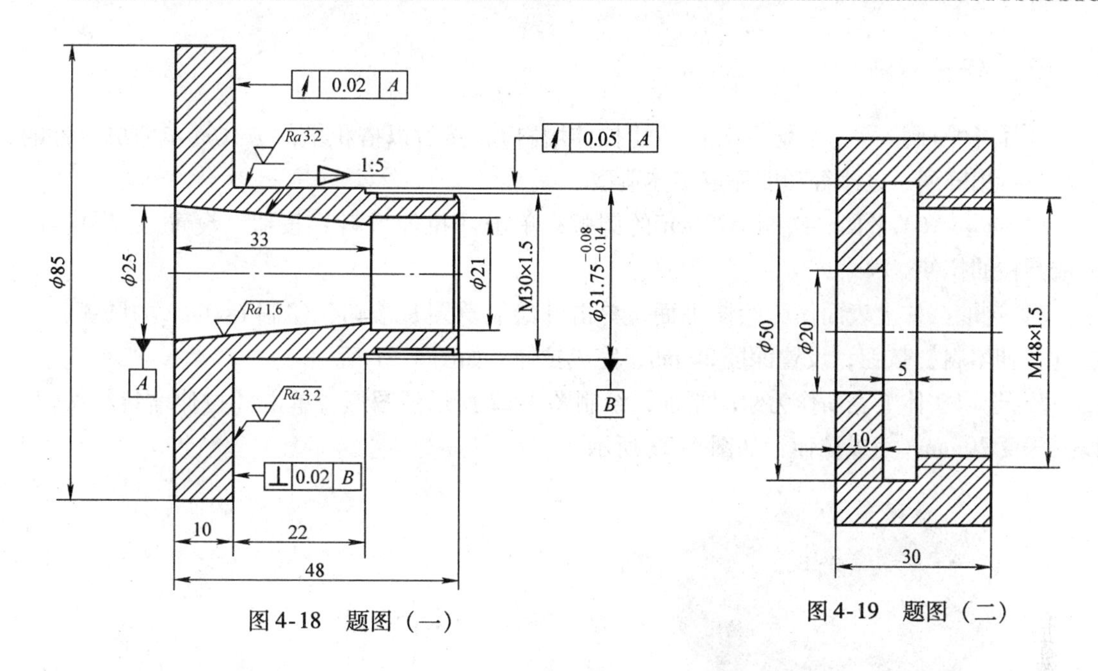

图 4-18　题图（一）　　图 4-19　题图（二）

任务三　阵列零件的造型

一、学习目标

能力目标：综合运用拉伸增料、拉伸除料、阵列（平面阵列和实体阵列）、过渡等功能完成实体图形的构建。

知识目标：学习阵列（平面阵列和实体阵列）、过渡等功能。

二、任务布置

完成图 4-20 所示零件的实体造型。

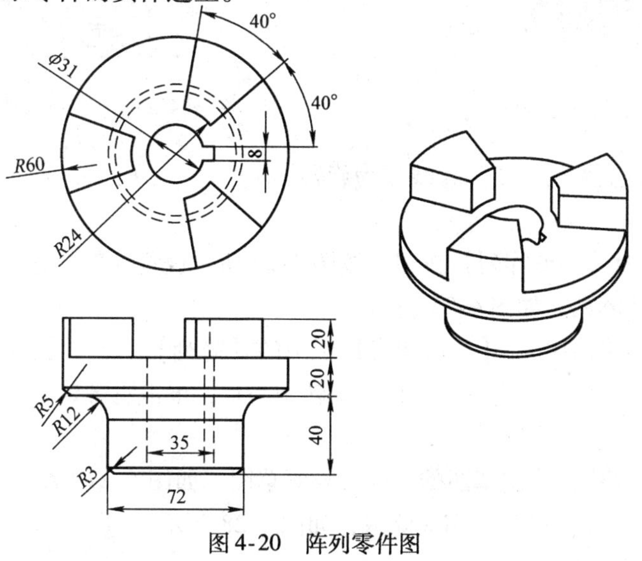

图 4-20　阵列零件图

三、任务实施

选择【平面】→【绘制草图】→【拉伸增料】，然后以搭积木的方式逐步完成零件的构建，再用阵列、过渡等功能完成实体造型。

1）选取 *XOY* 平面，绘制 ϕ72mm 的圆弧；单击【拉伸增料】按钮，设置深度 40mm，完成圆柱的拉伸。

2）选取圆柱上表面作为绘图平面，单击【绘制草图】按钮，绘制 *R*60mm 的圆弧，单击【拉伸增料】按钮，设置深度 20mm，完成拉伸，如图 4-21 所示。

3）选取实体上表面作为绘图平面，绘制图 4-22 所示的图形；单击【拉伸增料】按钮，设置深度 20mm，完成拉伸，如图 4-23 所示。

图 4-21　拉伸增料

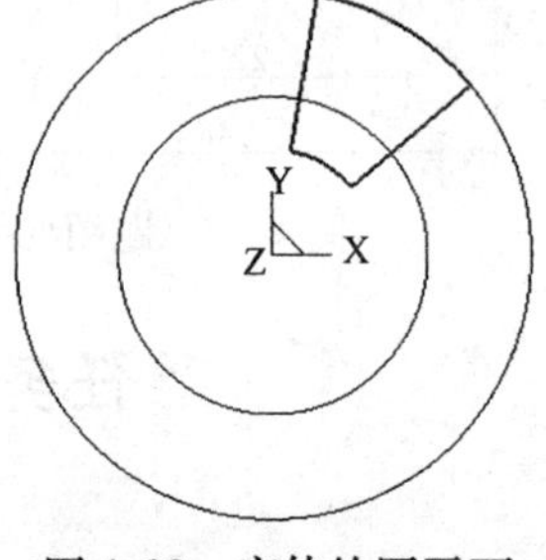

图 4-22　实体绘图平面

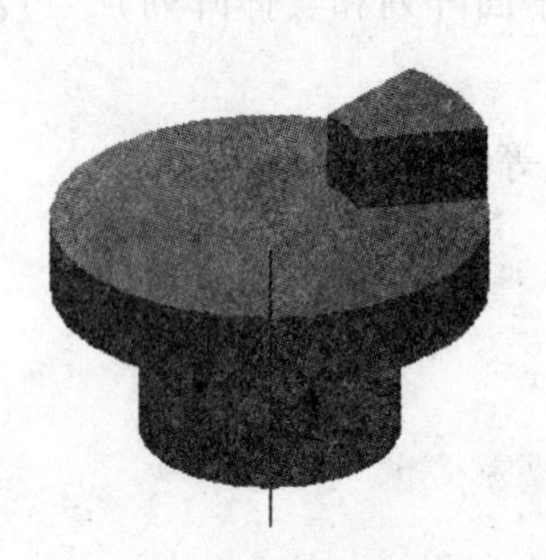

图 4-23　拉伸完成图

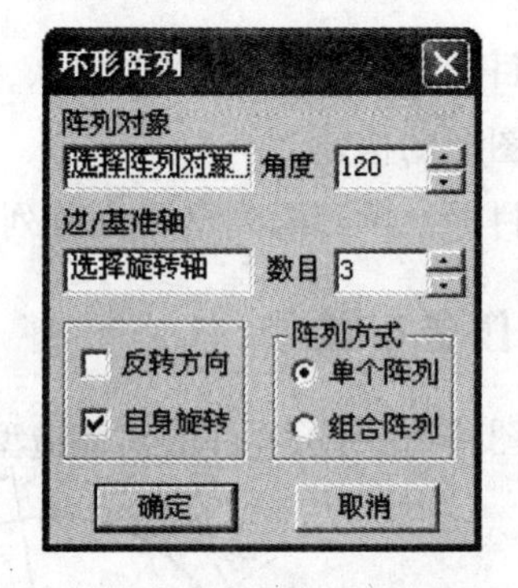

图 4-24　【环形阵列】参数设置

4）在 *XOZ* 平面上绘制一条垂直线作为旋转轴。

5）阵列。

① 方法一。单击【环形阵列】按钮，按图 4-24 所示设置参数。选取要阵列的实体，选取旋转轴，完成实体阵列，如图 4-25 所示。

② 方法二。在草图中单击【几何变换】栏中的【阵列】，设置【圆形】→【均布】→【份数 3】，拾取草图，单击右键确定，拾取旋转中心点，单击右键确定，完成草图阵列，如图 4-26 所示。

6）选择实体表面作为绘制草图的平面，绘制草图，如图 4-27 所示。单击【拉伸除料】按钮，设置深度类型为【贯穿】，完成除料，如图 4-28 所示。

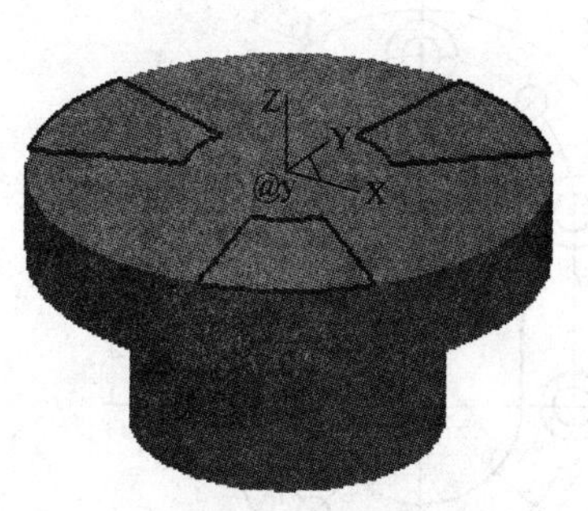

图 4-25　阵列草图

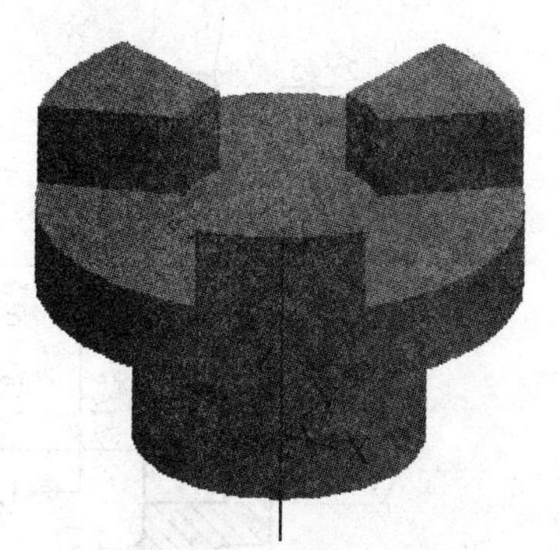

图 4-26　阵列实体图

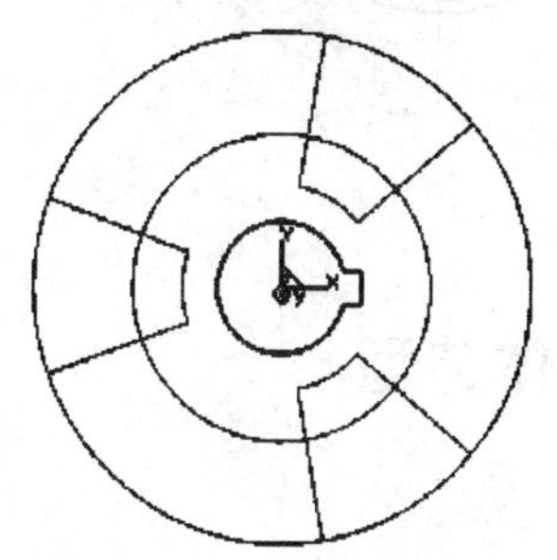

图 4-27　除料草图

图 4-28　拉伸除料后的效果

7）单击【特征生成】栏中的【过渡】，圆角半径分别设置为 $R12$mm、$R3$mm、$R5$mm，倒圆角，完成实体造形。

四、任务测评（见表 4-3）

表 4-3　阵列零件的造型任务测评

项目	要求	配分	评分标准	自我评价	小组评价	教师评价
课堂纪律	准时到达机房	5	迟到全扣			
	学习用具齐全	5	不合格全扣			
	课堂表现、参与情况	10	不认真全扣			
CAXA 制造工程师软件学习情况	草图的绘制	10	不正确全扣			
	曲线裁剪功能的应用	10	不正确全扣			
	拉伸增料功能的应用	10	不正确全扣			
	实体过渡功能的应用	10	不正确全扣			
	阵列功能的应用	20	不正确全扣			
安全文明	正确操作设备	10	不合格全扣			
	清洁卫生	10	不合格全扣			

五、强化练习

完成图 4-29 所示零件的实体造型。

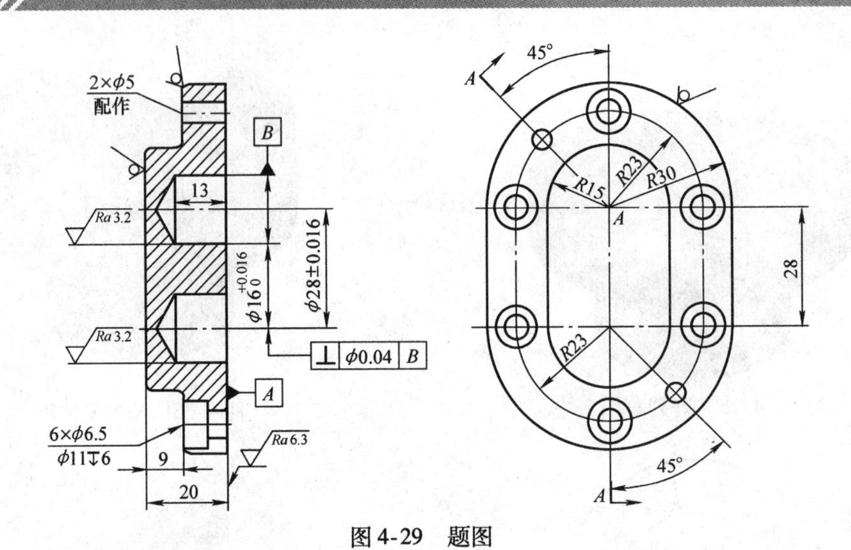

图 4-29　题图

任务四　综合零件的实体造型

一、学习目标

能力目标：综合运用拉伸增料、拉伸除料、切换构图平面、过渡、钻孔等功能完成实体图形的构建。

知识目标：学习、切换构图平面、过渡、钻孔等功能。

二、任务布置

完成图 4-30 所示综合零件的实体造型。

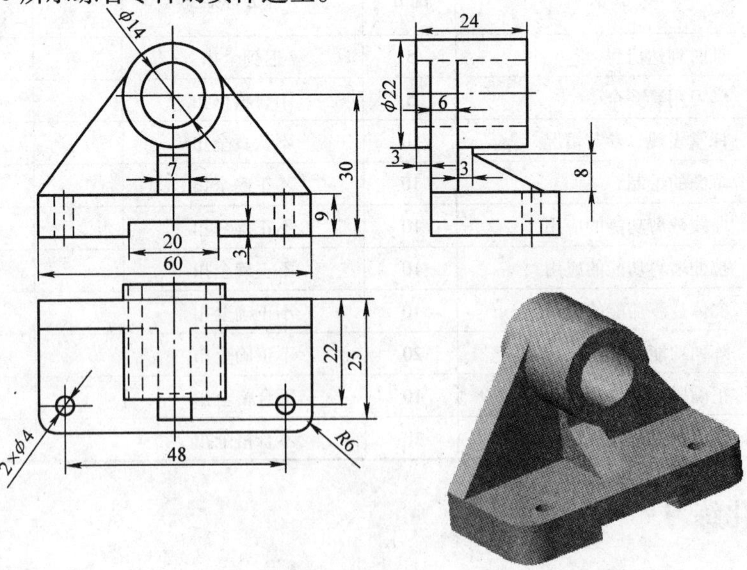

图 4-30　综合零件图

三、任务实施

对于有对称结构的零件，要注意使用镜像、阵列等命令进行作图。在作图过程中，注意随时切换【正交】、【对象捕捉】、【F8】、【F9】、【F5】、【F6】、【F7】功能键等辅助工具，以达到提高作图速度和作图质量的目的。

本任务中，在 *XOY* 平面绘制底座，在 *YOZ* 平面绘制背板，在 *XOZ* 平面绘制支架。作图时注意构图平面及尺寸。

1）在 *XOY* 平面绘制底座。先绘制 28mm×60mm 的矩形，倒圆角 *R*6mm；退出草图，选择【拉伸增料】，输入深度 9mm，完成底座的构建，如图 4-31 所示。

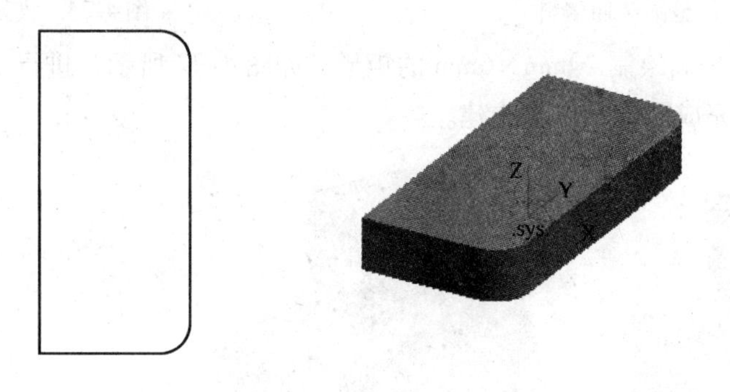

图 4-31　底座轮廓图

2）选择平行于 *YOZ* 平面的侧面作为绘图平面，绘制图形；退出草图，选择【拉伸增料】，输入深度 6mm，构建背板实体，如图 4-32 所示。

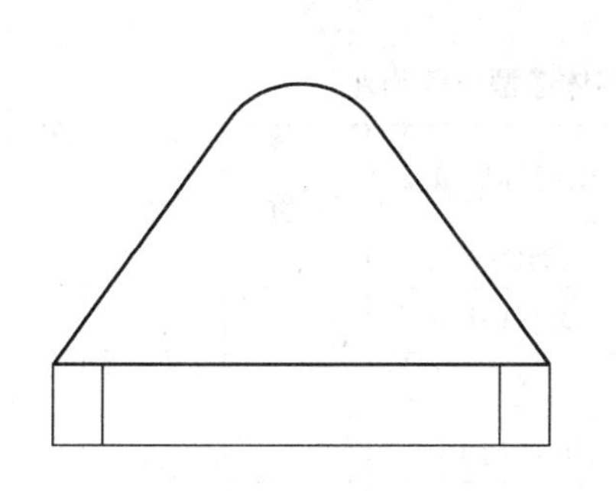

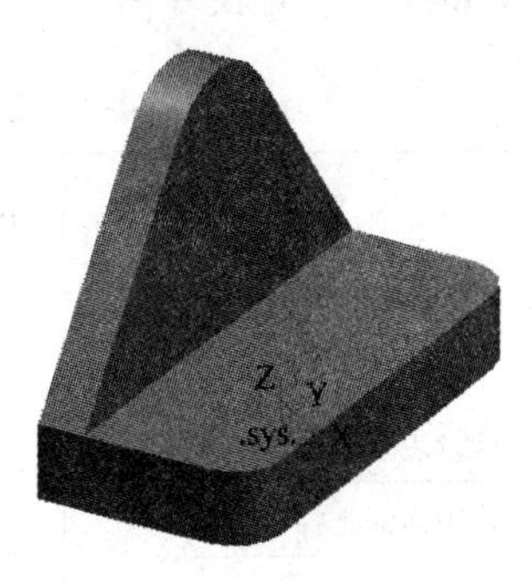

图 4-32　背板实体

3）选择实体表面、侧面作为绘图平面，绘制 ϕ22mm 的整圆并完成拉伸增料，如图 4-33 所示。

4）选择 *XOZ* 平面绘制支架草图，如图 4-34 所示。退出草图，单击【拉伸增料】按钮，设置双向拉伸，输入深度 7mm，构建支架实体，如图 4-35 所示。

5）绘制草图，完成图 4-36 所示孔的拉伸除料。

图 4-33　整圆拉伸增料

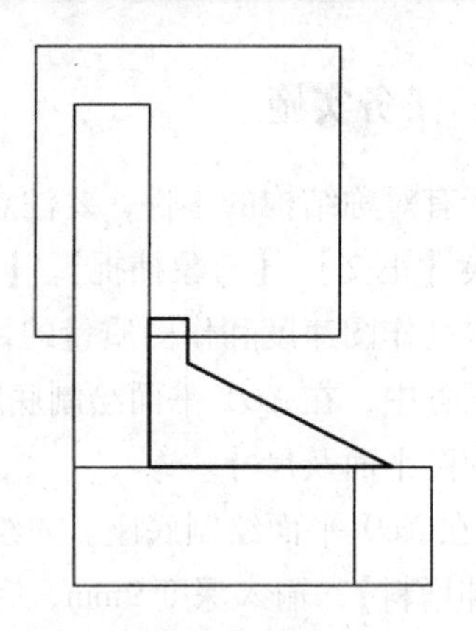
图 4-34　支架草图

6）选择 *YOZ* 平面绘制 20mm×6mm 的矩形，如图 4-37 所示，进行【拉伸除料】，设置类型为【贯穿】，完成零件实体的构建。

图 4-35　支架实体

图 4-36　孔的拉伸除料

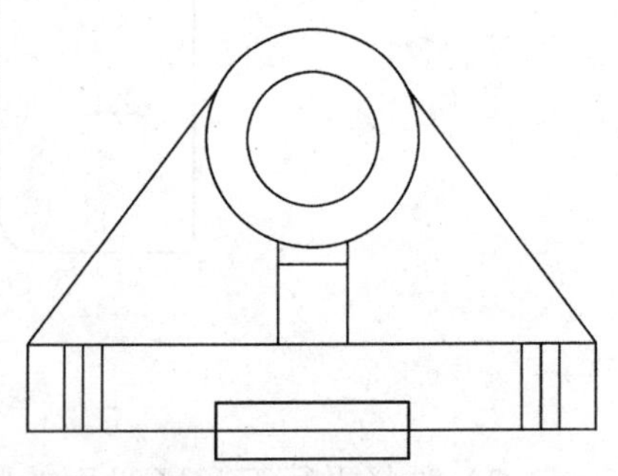
图 4-37　选择平面

四、任务测评（见表 4-4）

表 4-4　综合零件的实体造型任务测评

项目	要求	配分	评分标准	自我评价	小组评价	教师评价
课堂纪律	准时到达机房	5	迟到全扣			
	学习用具齐全	5	不合格全扣			
	课堂表现、参与情况	10	不认真全扣			
CAXA 制造工程师软件学习情况	构图面的选择	10	不正确全扣			
	曲线裁剪功能的应用	10	不正确全扣			
	底板的构建	10	不正确全扣			
	背板的构建	10	不正确全扣			
	圆柱拉伸	10	不正确全扣			
	肋板的构建	10	不正确全扣			
安全文明	正确操作设备	10	不合格全扣			
	清洁卫生	10	不合格全扣			

五、强化练习

完成图 4-38 和图 4-39 所示零件的实体造型。

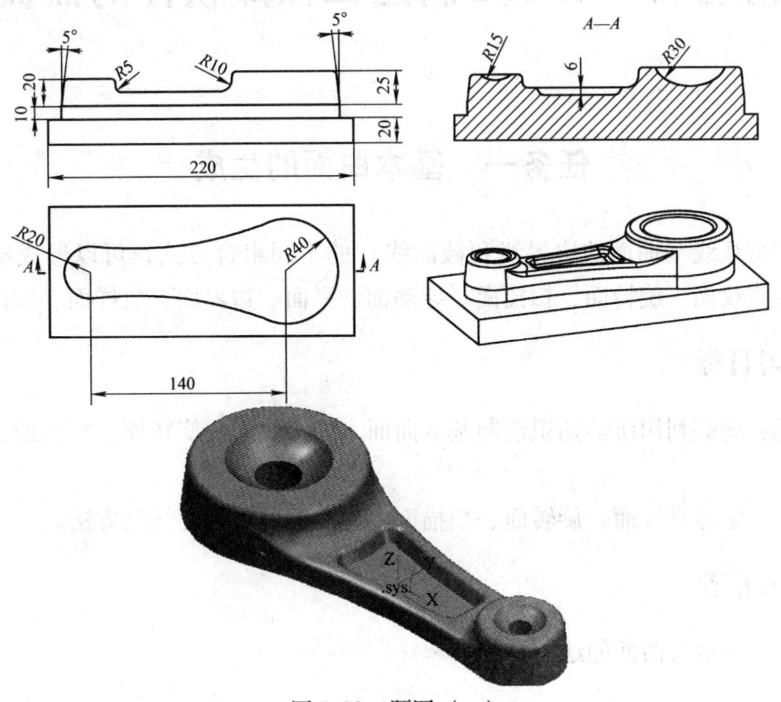

图 4-38　题图（一）

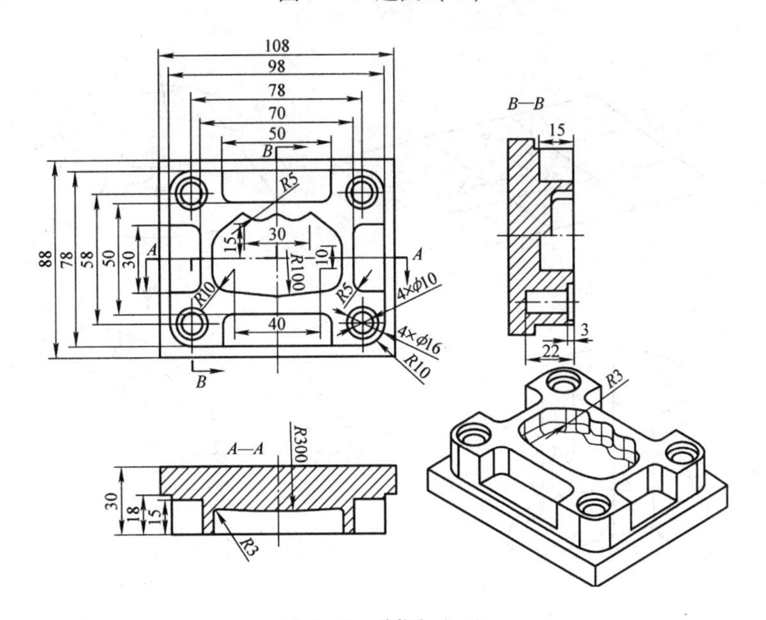

图 4-39　题图（二）

提示： 绘制底板外轮廓草图→拉伸生成底板→拉伸大、小凸台→制作大、小凸台的凹坑（旋转除料）→制作底板凹坑→过渡（倒圆角）→钻孔。

学习情境五　CAXA 制造工程师软件的曲面造型

任务一　基本曲面的生成

根据曲面特征线（曲面的边界线和截面线）的不同组合方式，可以形成不同的曲面生成方式，包括直纹面、旋转面、扫描面、导动面、平面、边界面、放样面、实体表面等。

一、学习目标

能力目标：能够利用所学知识绘制基本曲面，如直纹面、旋转面、扫描面、导动面、平面等。

知识目标：学习直纹面、旋转面、扫描面、导动面、平面的绘制方法。

二、任务布置

完成图 5-1 所示各曲面的绘制。

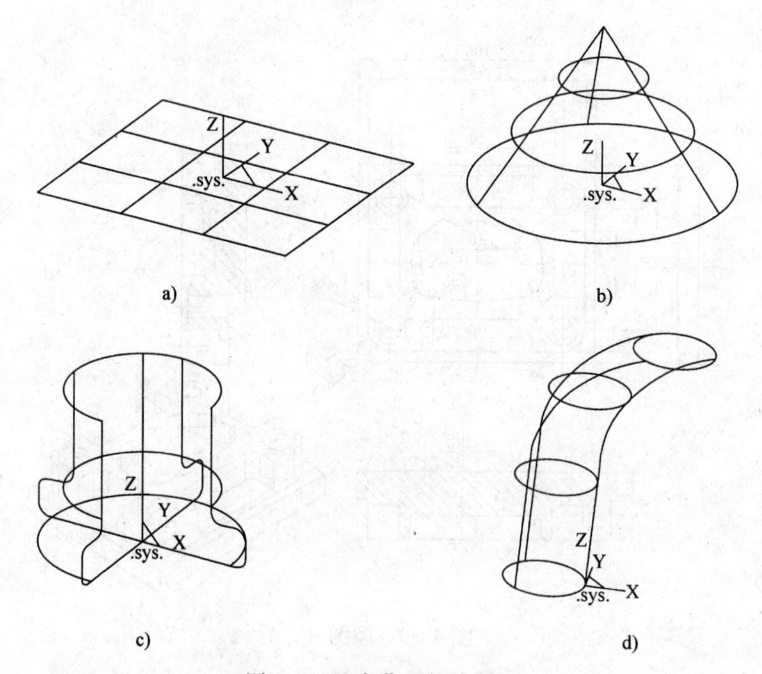

图 5-1　基本曲面的绘制

a）曲线 + 曲线生成直纹曲面　b）点 + 曲线生成直纹曲面　c）旋转曲面　d）导动面

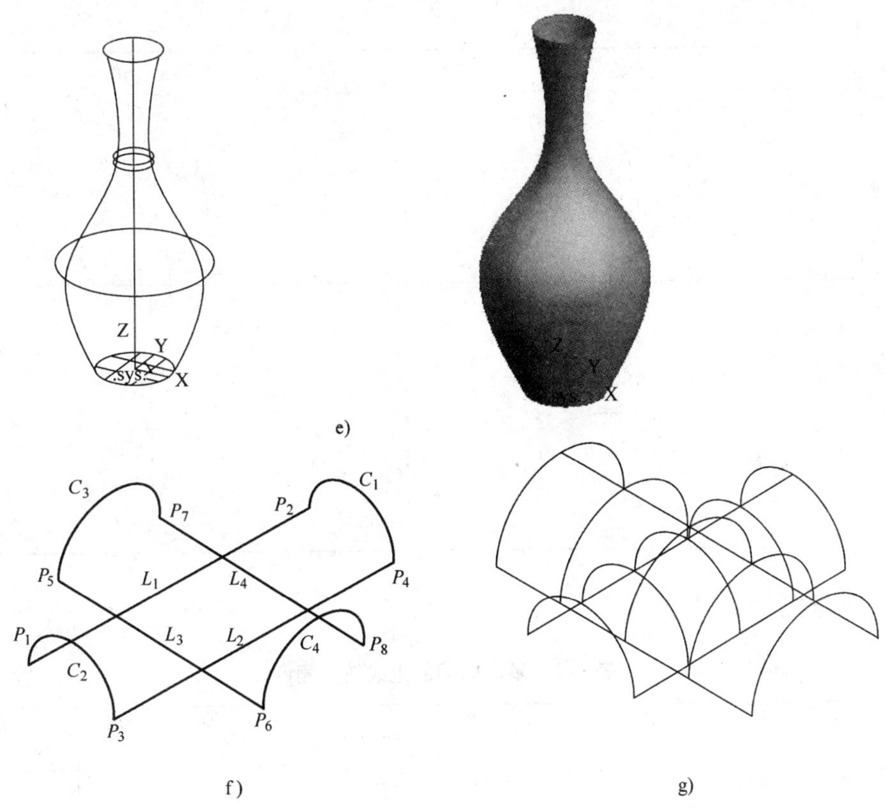

图 5-1　基本曲面的绘制（续）

e）放样面　f）直纹线架　g）直纹曲面

三、任务实施

依照图形，先绘制线架，然后完成曲面的构建，见表 5-1。

表 5-1　基本曲面的构建

曲面类型	线架生成	曲面构建
直纹曲面 曲线 + 曲线	Z Y .sys. X	Z Y .sys. X
直纹曲面 点 + 曲线	点(0,0,20) Z Y .sys. X	Z Y .sys. X
旋转曲面	Z Y .sys. X	Z Y .sys. X

（续）

曲面类型	线架生成	曲面构建
导动面	Z Y .sys. X	Z Y .sys. X
放样面	Z Y .sys. X	

四、任务测评（见表 5-2）

表 5-2 基本曲面的生成任务测评

项目	要求	配分	评分标准	自我评价	小组评价	教师评价
课堂纪律	准时到达机房	5	迟到全扣			
	学习用具齐全	5	不合格全扣			
	课堂表现、参与情况	10	不认真全扣			
CAXA 制造工程师软件学习情况	直纹曲面的生成	10	不正确全扣			
	旋转曲面的生成	10	不正确全扣			
	导动曲面的生成	10	不正确全扣			
	放样曲面的生成	20	不正确全扣			
	直纹线架曲面的生成	10	不正确全扣			
安全文明	正确操作设备	10	不合格全扣			
	清洁卫生	10	不合格全扣			

五、强化练习

自行设计图 5-2 所示酒杯的曲面。

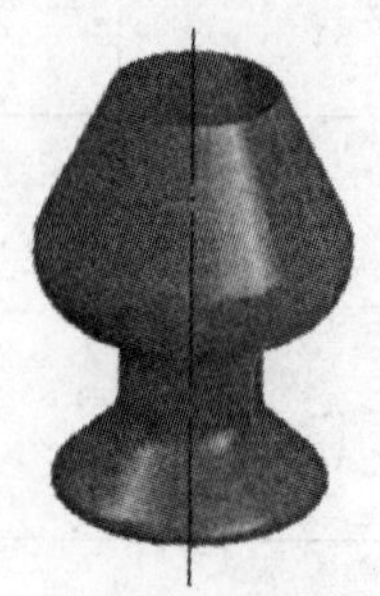

图 5-2 题图

任务二　五角星曲面的构建

一、学习目标

能力目标：能够综合运用所学知识构建五角星线架模型及五角星曲面。
知识目标：学习直纹曲面、阵列功能。

二、任务布置

完成图 5-3 所示五角星曲面（曲面中心高度为 20mm）的构建。

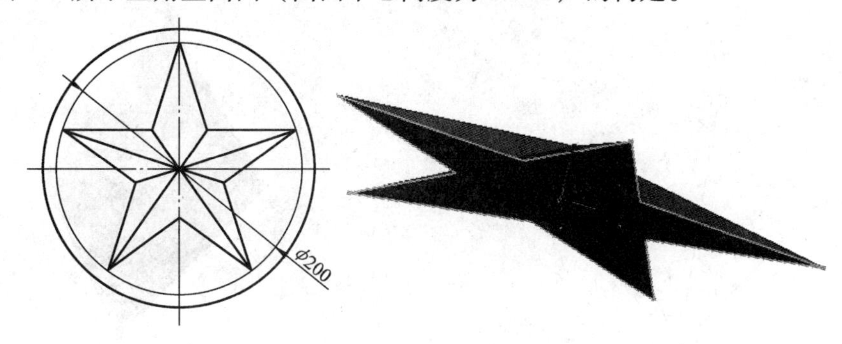

图 5-3　五角星零件图

三、任务实施

1. 构建五角星线架模型

1）选择 *XOY* 平面绘制 *R*100mm 的整圆，单击【点】功能，设置为【等分点】→【5 份】，将圆定数等分为 5 份。单击【正多边形】按钮，设置【边】→【5】，拾取边起点和终点，完成五边形的构建。

2）单击【直线】→【两点线】，依次连接正多边形各顶点，修整后得到五角星的平面图形，如图 5-4 所示。

3）单击【点】功能绘制点（0，0，20），绘制空间直线，完成五角星线架的构建，如图 5-5 所示。

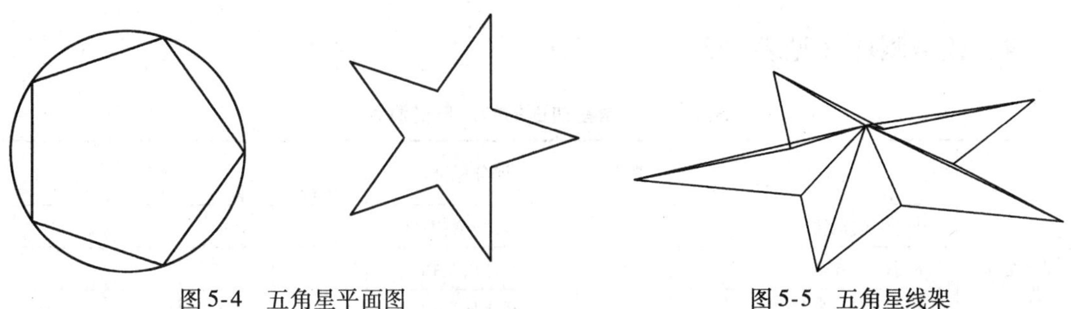

图 5-4　五角星平面图　　图 5-5　五角星线架

2. 绘制五角星曲面

图 5-6　五角星曲面

（1）方法一：直接绘制曲面　单击【曲面生成栏】里的【直纹曲面】，选取【曲线 + 曲线】方式，依次拾取直线即可生成图 5-6 所示的曲面（注意拾取曲线的方向）。

（2）方法二：利用阵列功能完成曲面的绘制

1）绘制空间线架。过点（0，0，20）连接空间直线，完成一个角的线架造型，如图 5-7 所示。

2）用直纹曲面生成五角星曲面。单击曲面工具条中的【直纹曲面】，选取【曲线 + 曲线】方式，拾取直线即可生成图 5-8 所示的曲面。

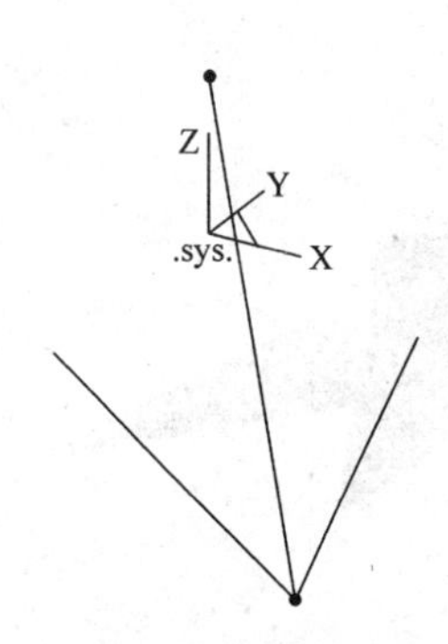

图 5-7　空间线架

图 5-8　直纹曲面

3）生成曲面阵列。单击【几何变换】栏中的【阵列】，设置【圆形】→【均布】→【份数 5】，窗选所有的线和面，单击右键，输入中心点时拾取坐标原点，阵列后得到图 5-6 所示的五角星曲面。

3. 绘制五角星底面平面

1）单击【相关线】按钮，选取【曲面边界线】→【全部】，生成曲面的边界线。

2）单击【曲面生成栏】里的【平面】，拾取平面外轮廓，依次选取五角星底面的外轮廓边界，再拾取一个内轮廓，即可完成底面平面的构建，如图 5-9 所示。

图 5-9　五角星底面

四、任务测评（见表 5-3）

表 5-3　五角星曲面的构建任务测评

项目	要求	配分	评分标准	自我评价	小组评价	教师评价
课堂纪律	准时到达机房	5	迟到全扣			
	学习用具齐全	5	不合格全扣			
	课堂表现、参与情况	10	不认真全扣			

（续）

项目	要求	配分	评分标准	自我评价	小组评价	教师评价
CAXA 制造工程师软件学习情况	五边形的绘制	10	不正确全扣			
	曲线裁剪功能的应用	10	不正确全扣			
	五角星平面图形的绘制	10	不正确全扣			
	直纹曲面的生成	20	不正确全扣			
	底面平面的生成	10	不正确全扣			
安全文明	正确操作设备	10	不合格全扣			
	清洁卫生	10	不合格全扣			

五、强化练习

完成图 5-10 所示图形的构建。

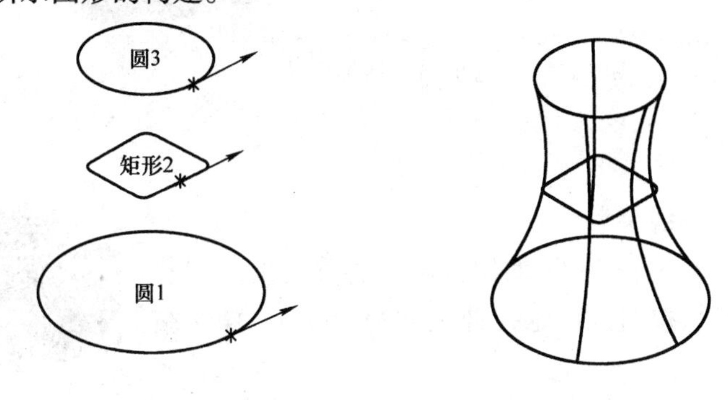

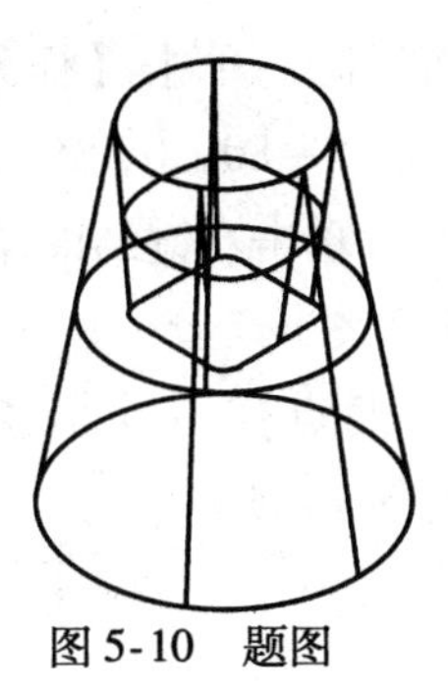

图 5-10　题图

任务三　综合曲面的构建

一、学习目标

能力目标：综合运用所学的曲面构建知识进行曲面的构建及编辑，完成整个鼠标曲面模型的构建。

知识目标：掌握样条曲线、直纹曲面、曲面修剪相关知识。

二、任务布置

完成图 5-11 所示鼠标曲面的构建。

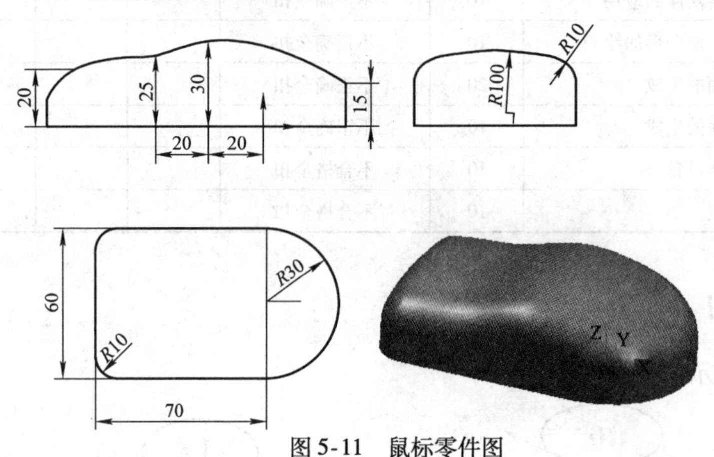

图 5-11　鼠标零件图

三、任务实施

1. 创建俯视图鼠标线架

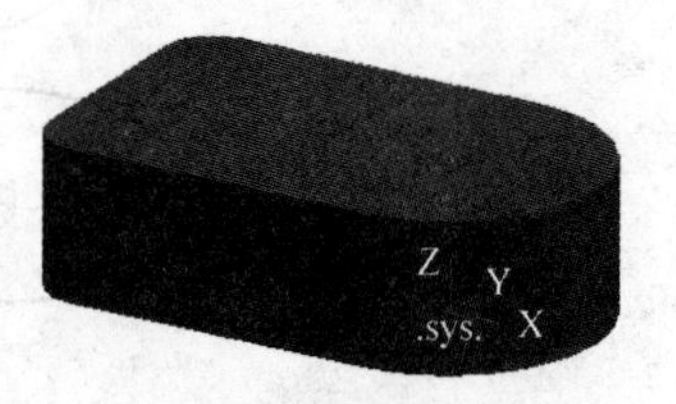

图 5-12　拉伸增料

选择 *XOY* 平面，绘制图 5-11 的俯视图。然后退出草图状态，单击【拉伸增料】按钮，固定拉伸尺寸为 35mm，操作结果如图 5-12 所示。

2. 生成鼠标的上表面

（1）按【F7】键显示 *XOZ* 平面视图　单击【样条线】按钮，系统提示拾取点，依次输入点坐标“-80，0，10”“-70，0，20”“-40，0，25”“-20，0，30”“0，0，28”“30，0，15”。单击右键结束样条线，操作结果如图 5-13 所示。

（2）按【F6】键显示 *YOZ* 平面视图

1）单击【圆弧】按钮，选择【两点】→【半径】方式，捕捉两个端点，输入半径 100mm，绘制 *R*100mm 的圆弧，如图 5-14 所示。

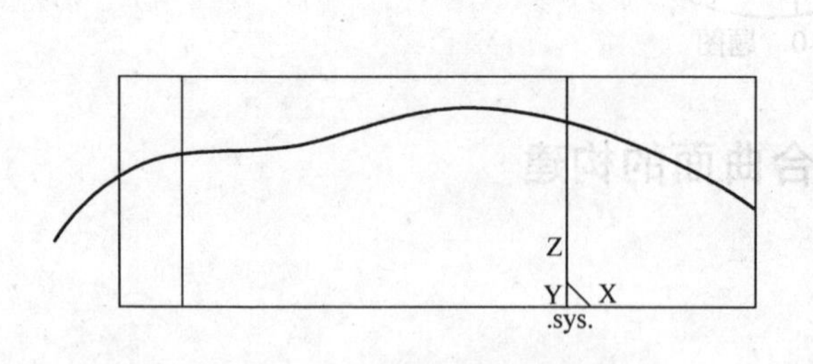

图 5-13　样条线

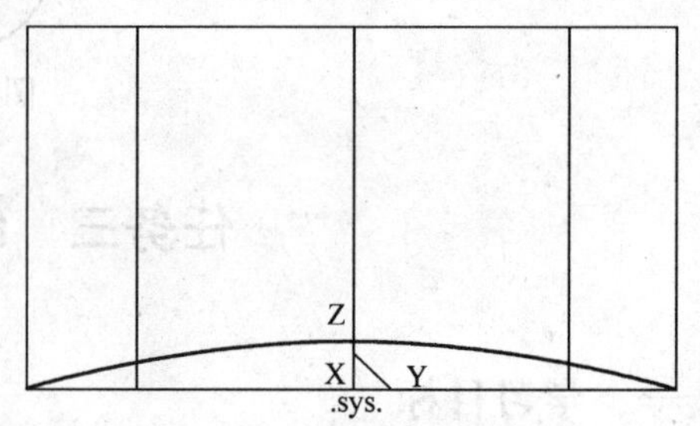

图 5-14　绘制 *R*100mm 圆弧

2）按【F8】键显示轴测图，单击【移动】按钮，选择【两点】→【移动】→【非正

交】方式，捕捉圆弧的中点，将其移动到样条线的端点上。

3）单击【曲线拉伸】按钮，将圆弧拉伸到适当的位置，如图 5-15 所示。

4）单击【导动面】按钮，选择【平行导动】方式，先拾取导动线（样条线）并选择方向，再拾取截面曲线（R100mm 的圆弧），产生导动面，如图 5-16 所示。

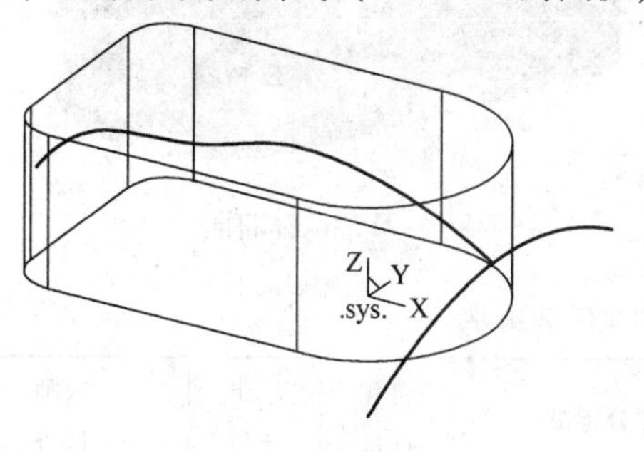

图 5-15　曲线拉伸

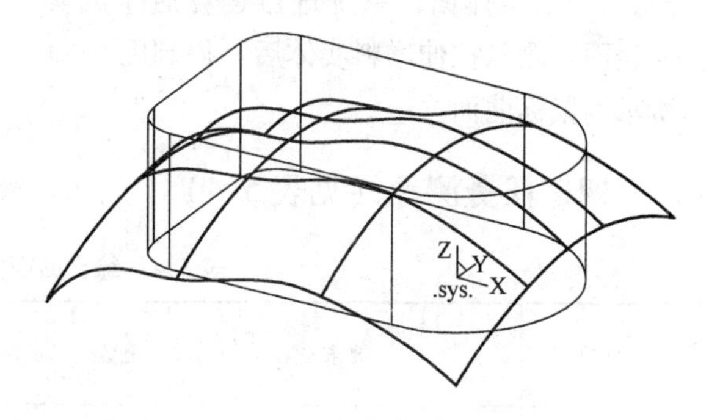

图 5-16　导动面

3. 曲面裁剪除料

单击【曲面裁剪除料】按钮，弹出图 5-17 所示的对话框，单击导动面，确定方向为向上，单击【确定】按钮，操作结果如图 5-18 所示。

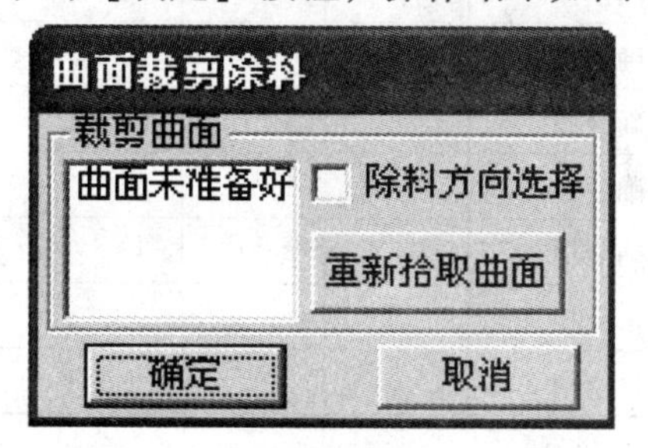

图 5-17　【曲面裁剪除料】对话框

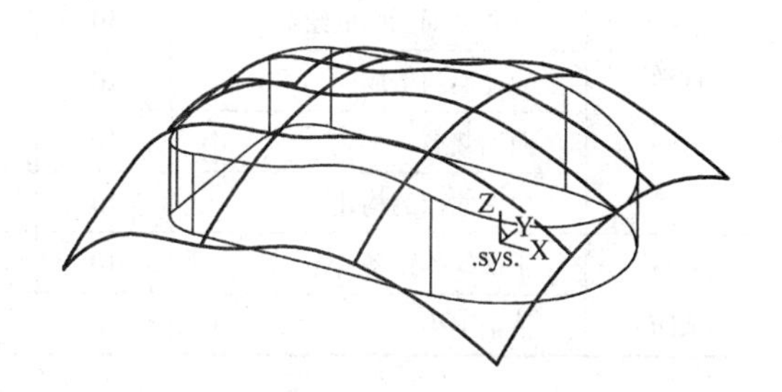

图 5-18　裁剪后的效果

4. 隐藏曲面、曲线

单击【编辑】菜单里的【隐藏】功能，拾取导动面、样条线和圆弧，将其隐藏。操作结果如图 5-19 所示。

5. 倒圆角

单击【过渡】按钮，输入半径 10mm，拾取实体上表面。倒圆角结果如图 5-20 所示。

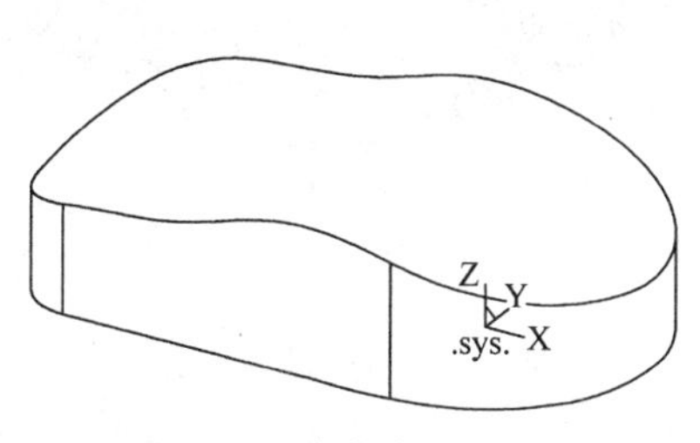

图 5-19　隐藏曲面、曲线

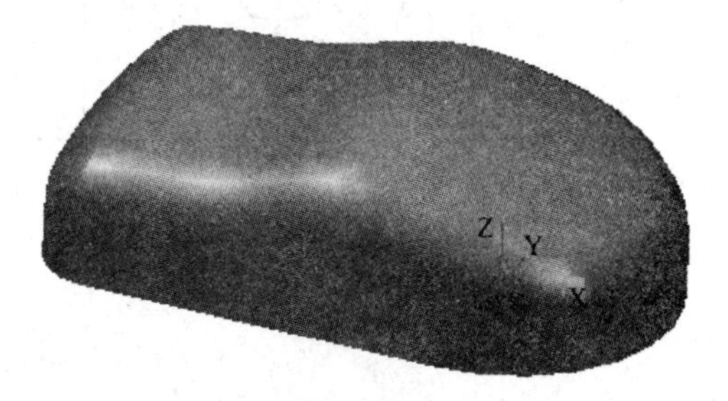

图 5-20　实体倒圆角

6. 生成鼠标曲面

单击【曲面生成栏】中的【实体表面】，在弹出的立即菜单中选择【所有表面】；单击实体面，系统进行运算后生成实体表面。删除拉伸增料实体后，得到图5-21所示的鼠标曲面。

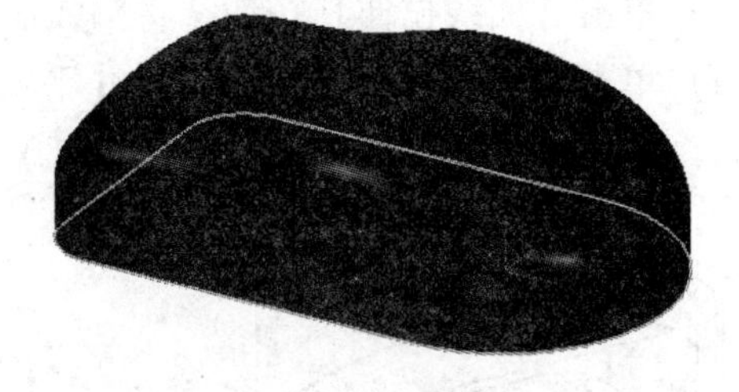

图5-21　鼠标曲面

四、任务测评（见表5-4）

表5-4　综合曲面的构建任务测评

项目	要求	配分	评分标准	自我评价	小组评价	教师评价
课堂纪律	准时到达机房	5	迟到全扣			
	学习用具齐全	5	不合格全扣			
	课堂表现、参与情况	10	不认真全扣			
CAXA制造工程师软件学习情况	俯视图的绘制	10	不正确全扣			
	样条曲线的绘制	10	不正确全扣			
	*YOZ*平面圆弧的绘制	10	不正确全扣			
	导动面的生成	10	不正确全扣			
	曲面裁剪	10	不正确全扣			
	鼠标曲面的构建	10	不正确全扣			
安全文明	正确操作设备	10	不合格全扣			
	清洁卫生	10	不合格全扣			

五、强化练习

完成图5-22所示图形的造型与加工。

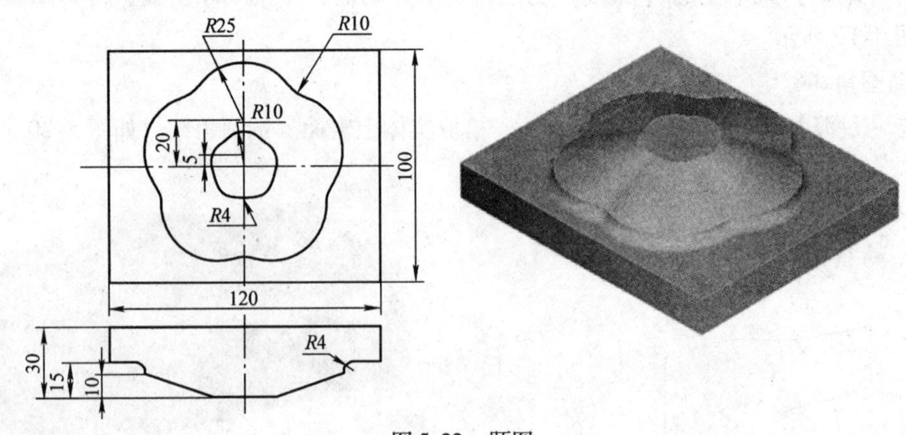

图5-22　题图

学习情境六　CAXA制造工程师软件的自动编程

任务一　平面轮廓加工

平面轮廓加工主要用于平面轮廓的粗加工，该方法可根据给定的轮廓和岛屿生成分层的加工轨迹。它的优点是不需要进行3D实体造型，直接使用2D曲线就可以生成加工轨迹，且计算速度快。

一、学习目标

能力目标：能够使用CAXA制造工程师软件进行平面轮廓的加工。

知识目标：熟悉CAXA制造工程师软件加工参数的设置方法；掌握平面轮廓零件加工参数的设置及仿真加工路线的模拟。

二、任务布置

铣削图6-1所示的凸台和图6-2所示的凹槽。

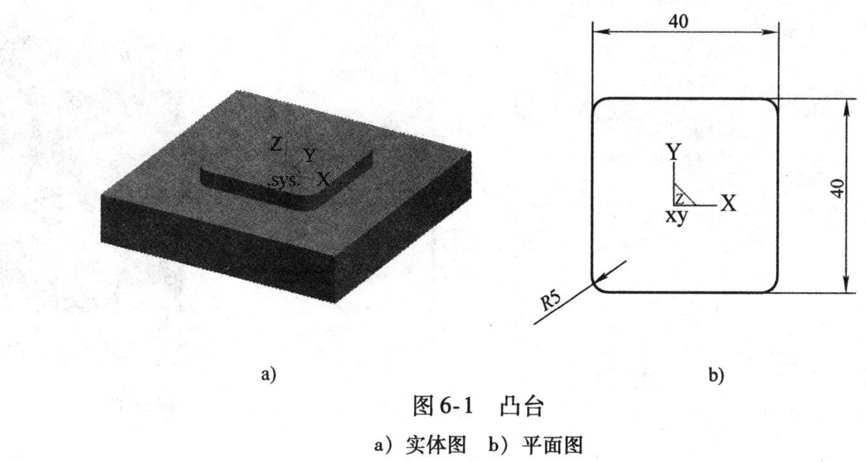

图6-1　凸台

a）实体图　b）平面图

三、任务实施

1. 铣削凸台

1）构建平面图形，如图6-1b所示。只绘制平面图形，不需进行实体构建。

2）设置毛坯，如图6-3所示。

3）单击【平面轮廓精加工】按钮，设置精加工参数，如图6-4所示。可以根据情况设置加工次数、行距等参数，完成零件的粗加工和精加工。

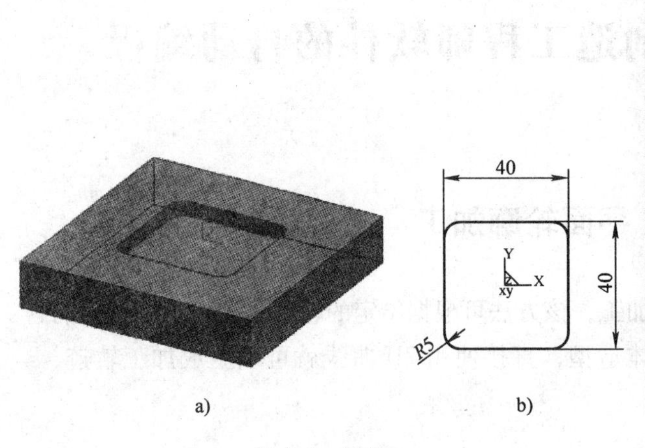

图 6-2 凹槽

a）实体图 b）平面图

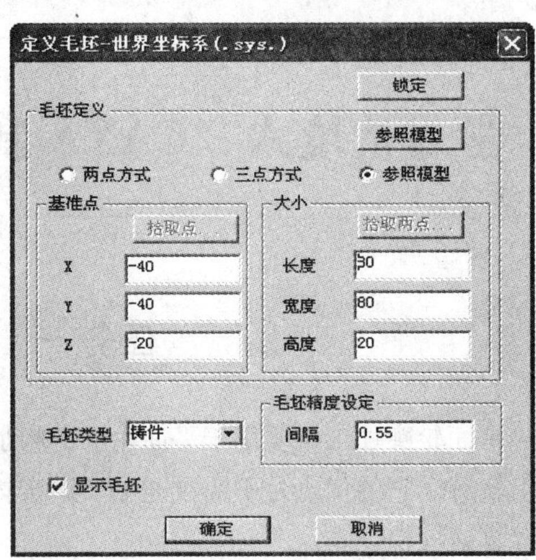

图 6-3 毛坯的设置

4）设置刀具参数，如图 6-5 所示。

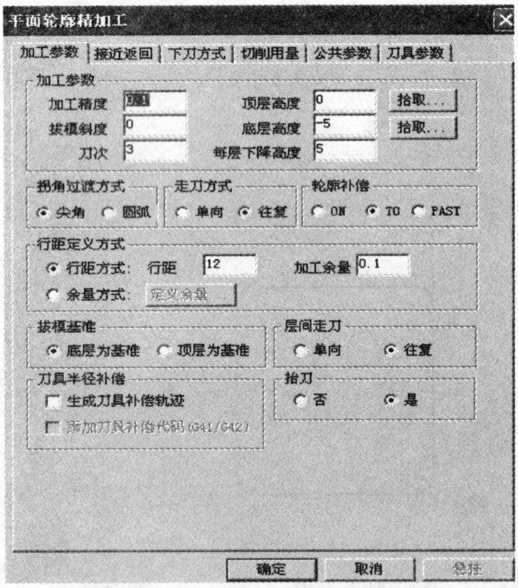

图 6-4 精加工参数设置

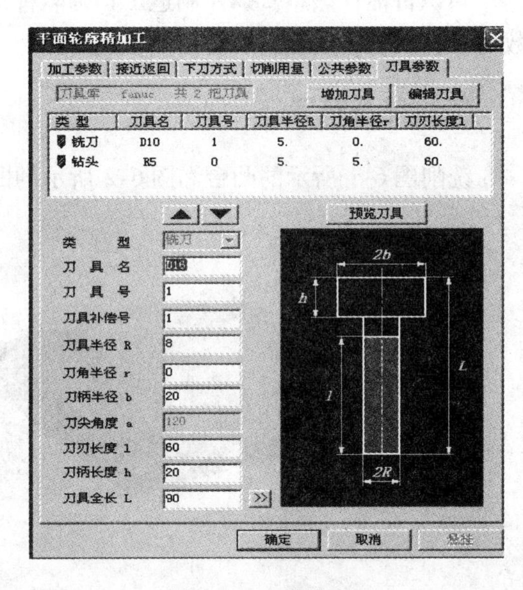

图 6-5 刀具参数设置

5）设置切削用量，如图 6-6 所示。

6）设置完后单击【确定】按钮，根据系统提示拾取轮廓，加工方向选择向外，如图 6-7所示；然后拾取进刀点和退刀点，系统会自动显示出加工轨迹，如图 6-8 所示。

7）右键单击特征树中的【平面轮廓精加工】，选择【实体仿真】，运行效果如图 6-9 所示。

2. 铣削凹槽

凹槽加工参数的设置方式与外形加工方法同凸台的加工，重复步骤 1）~5）即可。

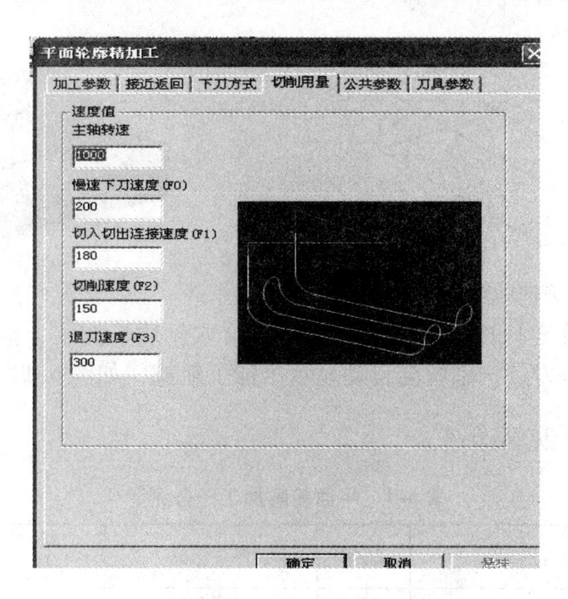

图 6-6　切削用量设置

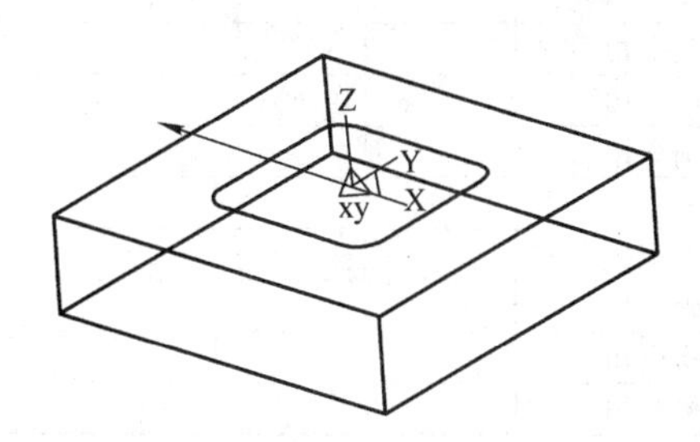

图 6-7　方向选择

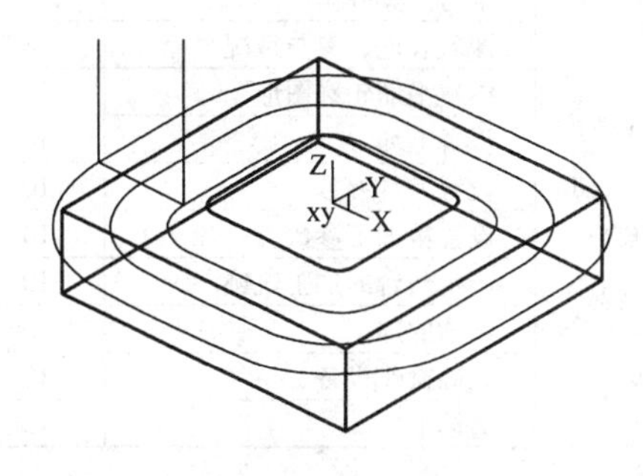

图 6-8　加工轨迹

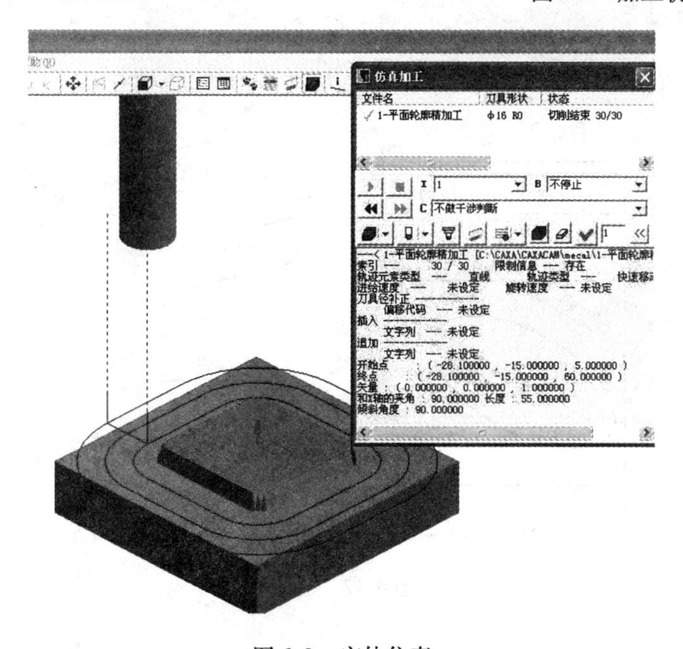

图 6-9　实体仿真

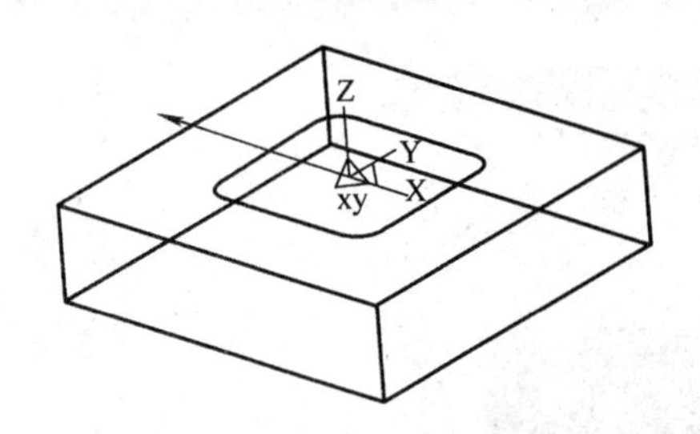

图 6-10　方向选择

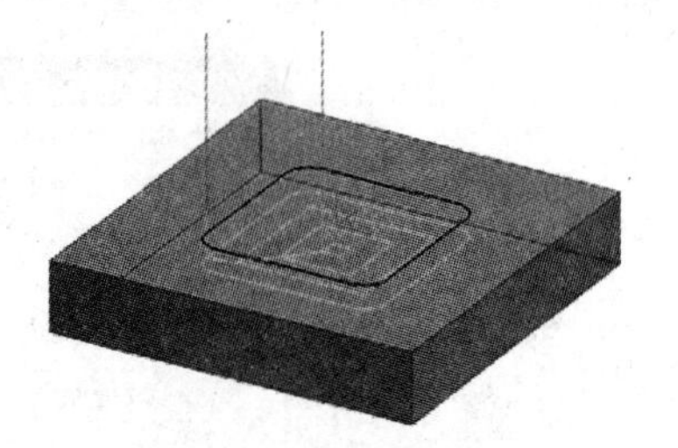

图 6-11　加工轨迹

设置完后单击【确定】按钮，根据系统提示拾取轮廓，加工方向选择向内，如图6-10所示；拾取进刀点和退刀点，系统会自动显示出加工轨迹，如图 6-11 所示。

四、任务测评（见表 6-1）

表 6-1　平面轮廓加工任务测评

项目	要求	配分	评分标准	自我评价	小组评价	教师评价
课堂纪律	准时到达机房	5	迟到全扣			
	学习用具齐全	5	不合格全扣			
	课堂表现、参与情况	10	不认真全扣			
CAXA 数控铣床自动编程学习情况	构建平面轮廓图形	10	不正确全扣			
	设置毛坯	10	不正确全扣			
	设置刀具参数	10	不正确全扣			
	设置精加工参数	10	不正确全扣			
	产生凸台的加工轨迹	10	不正确全扣			
	凹槽的加工	10	不正确全扣			
安全文明	正确操作设备	10	不合格全扣			
	清洁卫生	10	不合格全扣			

五、强化练习

完成图 6-12 所示零件的加工。

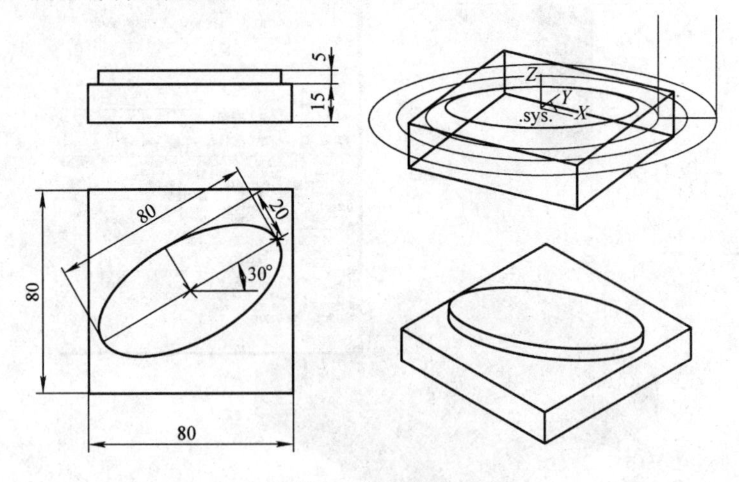

图 6-12　题图

任务二　等高线加工

等高线加工生成分层等高式轨迹，可应用于任何形状零件的加工。它只对 3D 实体模型生成加工轨迹，并可通过选择曲线指定局部区域的加工。

一、学习目标

能力目标：能够用 CAXA 制造工程师软件加工等高线。

知识目标：掌握等高线加工的参数设置方法，以及仿真加工及程序生成方法。

二、任务布置

加工图 6-13 所示的等高线零件。

三、任务实施

1）构建等高线零件的三维实体模型，如图 6-14 所示（暂时不考虑孔的加工）。

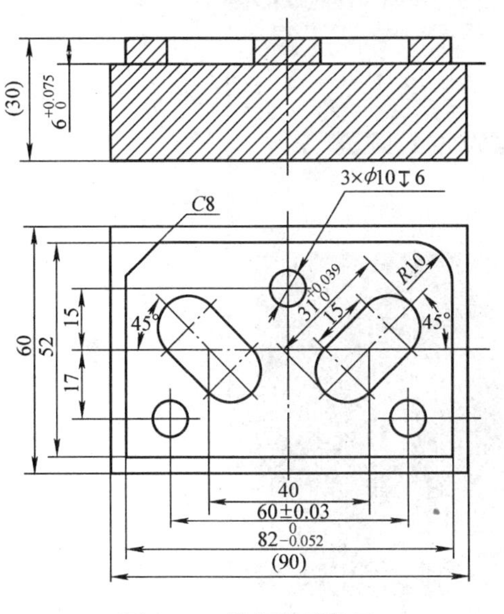

图 6-13　等高线零件图

图 6-14　三维实体模型

2）设置毛坯尺寸，如图 6-15 所示。

3）单击【等高线粗加工】，进行参数设置。

4）选择刀具，进行刀具参数设置，如图 6-16 所示。

5）设置加工参数，如图 6-17 所示。

6）设置加工边界，如图 6-18 所示。

7）参数设置好后单击【确定】按钮，按提示拾取加工对象实体，单击右键确定；拾取加工边界并确定后，系统自动计算出加工轨迹，完成等高线的粗加工。

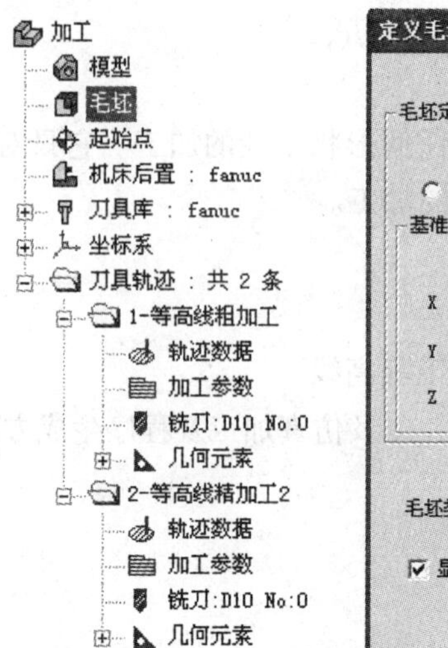

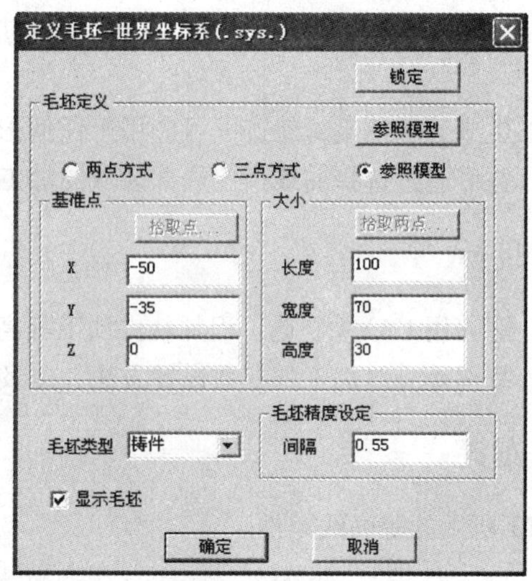

图 6-15　毛坯设置

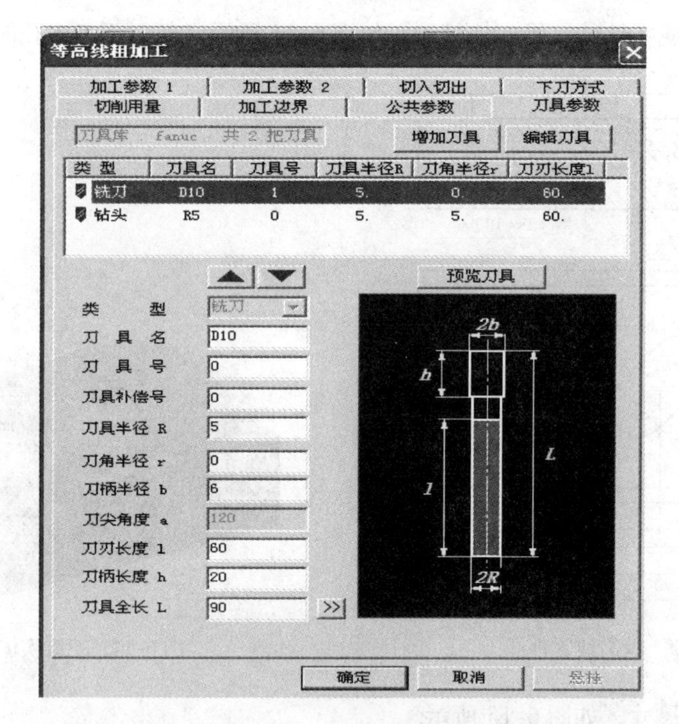

图 6-16　刀具参数设置

8）单击【等高线精加工】按钮，按上述步骤设置精加工参数。参数设置完成后，系统自动产生精加工轨迹，如图 6-19 所示。

9）单击特征树中的【刀具轨迹】，选定刀具轨迹，如图 6-20 所示；单击右键弹出快捷菜单，选取【实体仿真】，进行加工实体的仿真校验，如图 6-21 所示。

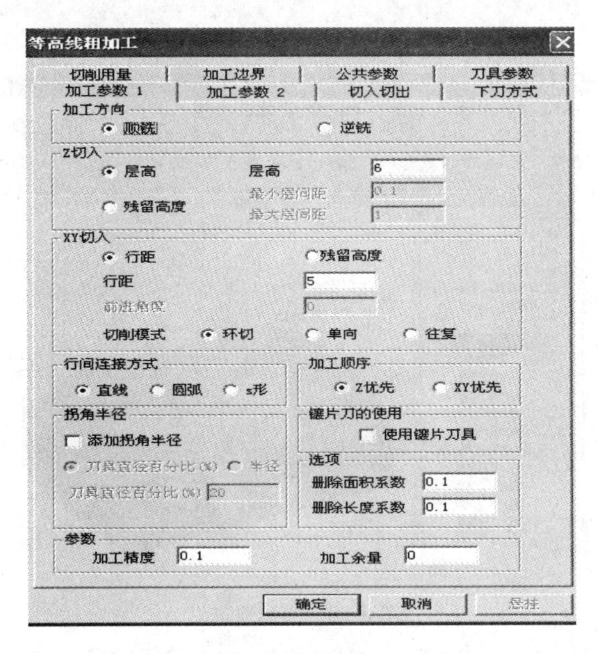

图 6-17　加工参数设置

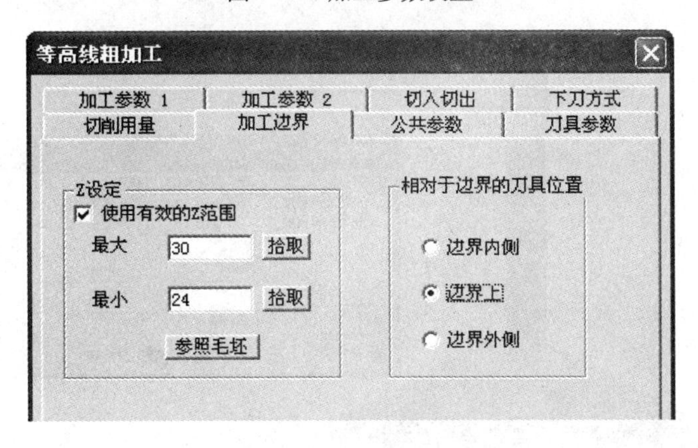

图 6-18　加工边界设置

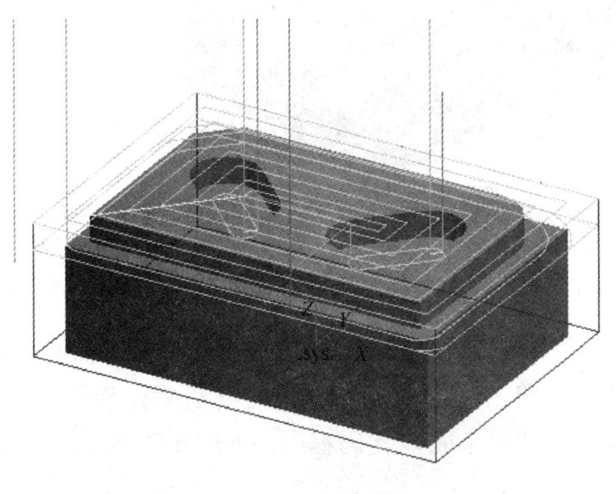

图 6-19　精加工轨迹

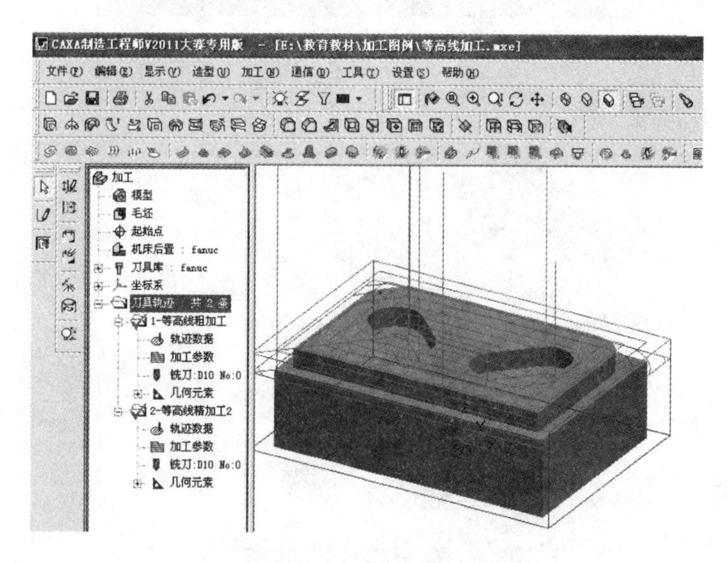

图 6-20　刀具轨迹

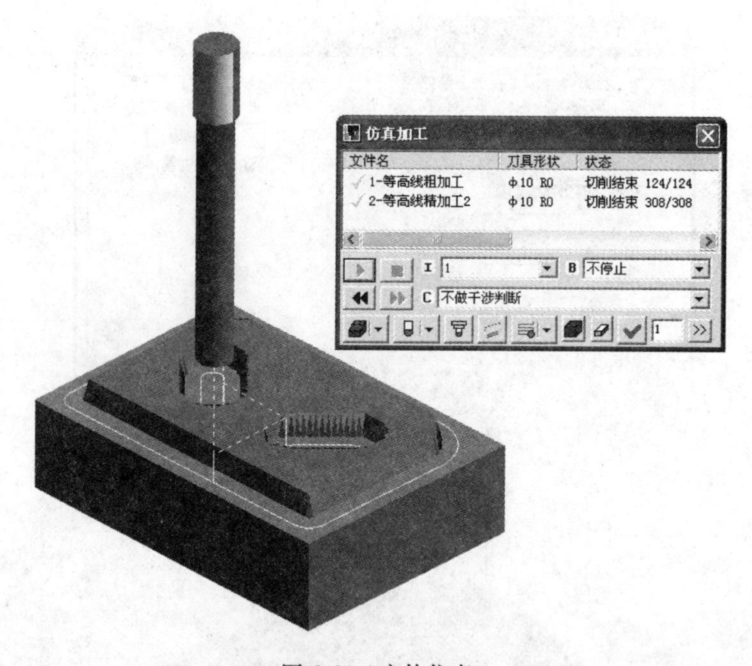

图 6-21　实体仿真

10）后处理设置。单击【加工】菜单里的【后置处理】→【后置设置】，选择要传输程序的机床，如图 6-22 所示。选择好后进行后置配置的设置，如图 6-23 所示。

11）生成后处理程序。单击【加工】菜单里的【后置处理】→【生成 G 代码】，拾取刀具轨迹，单击右键确定，即可生成 G 代码程序，如图 6-24 所示。

图 6-22　后处理设置

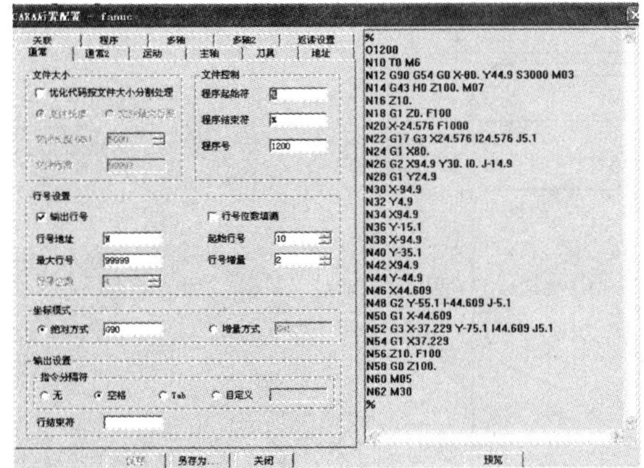

图 6-23　CAXA 后置配置设置

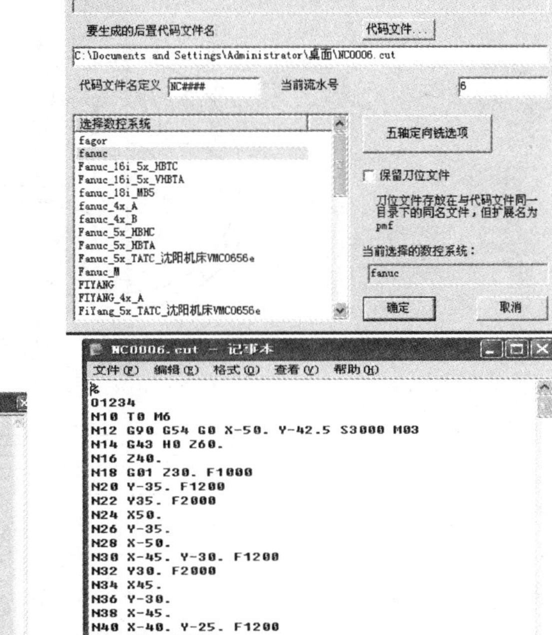

图 6-24　等高线加工数控程序

四、任务测评（见表6-2）

表6-2　等高线的加工任务测评

项目	要求	配分	评分标准	自我评价	小组评价	教师评价
课堂纪律	准时到达机房	5	迟到全扣			
	学习用具齐全	5	不合格全扣			
	课堂表现、参与情况	10	不认真全扣			
CAXA数控铣床自动编程学习情况	构建实体模型	10	不正确全扣			
	设置毛坯	10	不正确全扣			
	设置刀具参数	10	不正确全扣			
	设置加工参数	10	不正确全扣			
	实体仿真	10	不正确全扣			
	生成后处理程序	10	不正确全扣			
安全文明	正确操作设备	10	不合格全扣			
	清洁卫生	10	不合格全扣			

五、强化练习

完成图6-25和图6-26所示零件的加工。

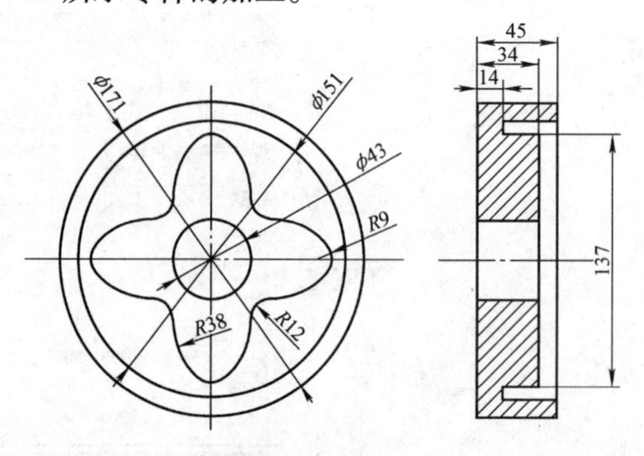

图6-25　题图（一）

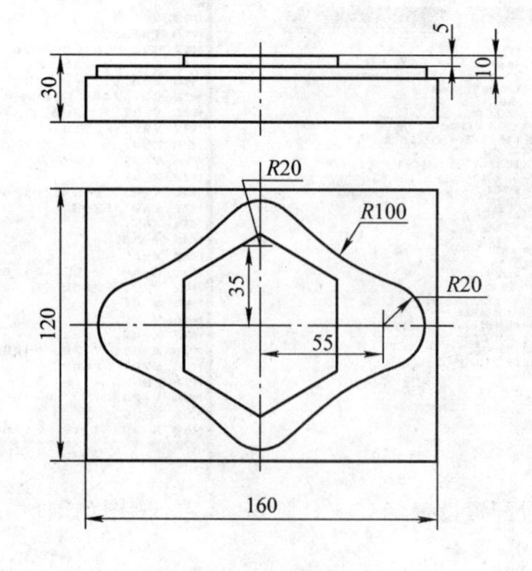

图6-26　题图（二）

任务三　扫描线加工

扫描线加工是以平行于 *XOZ* 的平面为切面，求出该切面与被加工曲面或实体的相贯线，使刀具在该切面沿 *X* 轴方向匀速进给，并沿 *Z* 轴以层高的设定量进给。这样所产生的平行于 *XOZ* 平面的一系列刀具轨迹称为扫描加工轨迹。

一、学习目标

能力目标：能用 CAXA 制造工程师软件进行扫描线加工。

知识目标：掌握扫描线加工参数的设置方法，以及仿真加工及程序生成方法。

二、任务布置

用扫描线加工方式加工图 6-27 所示的扫描线零件。

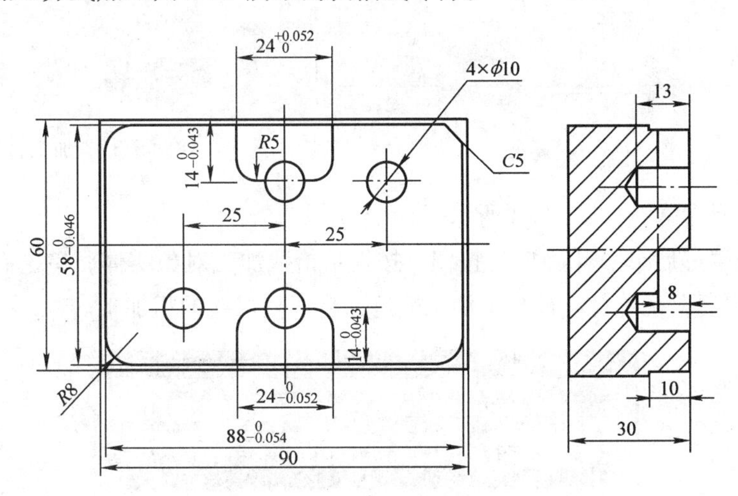

图 6-27　扫描线零件图

三、任务实施

1）构建零件的三维实体模型，如图 6-28 所示。

2）设置毛坯，如图 6-29 所示。

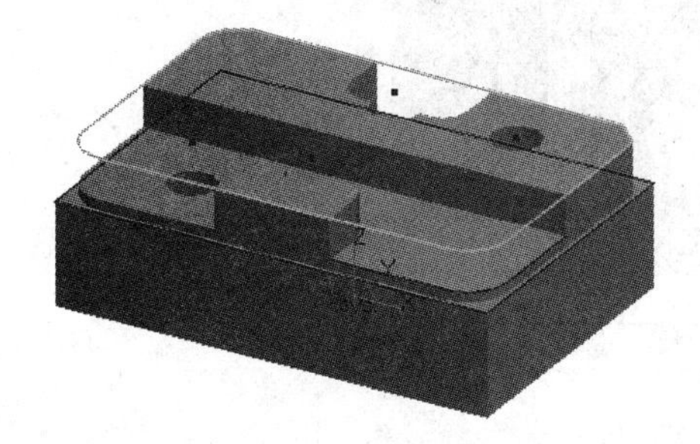

图 6-28　三维实体模型

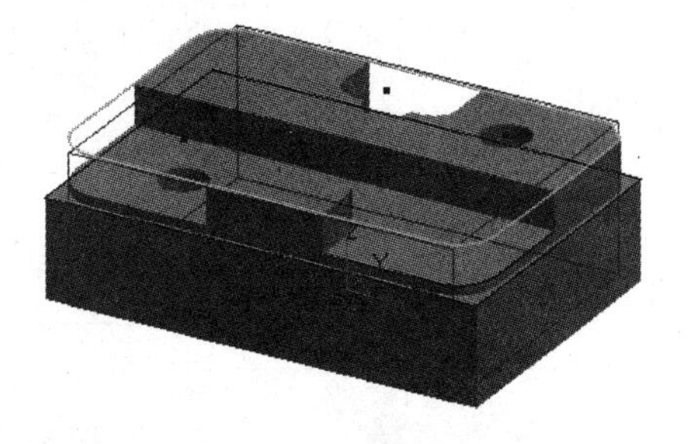

图 6-29　毛坯设置

3）单击【扫描线粗加工】按钮，设置加工参数，保留精加工余量，如图6-30所示。

4）设置加工边界，如图6-31所示。

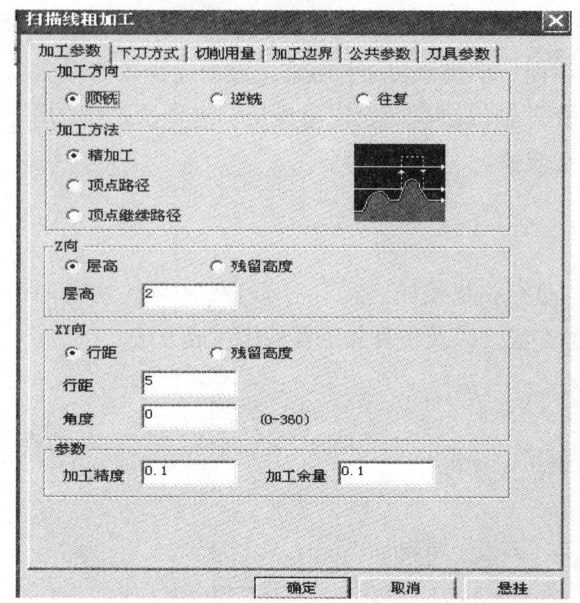

图6-30　粗加工参数设置

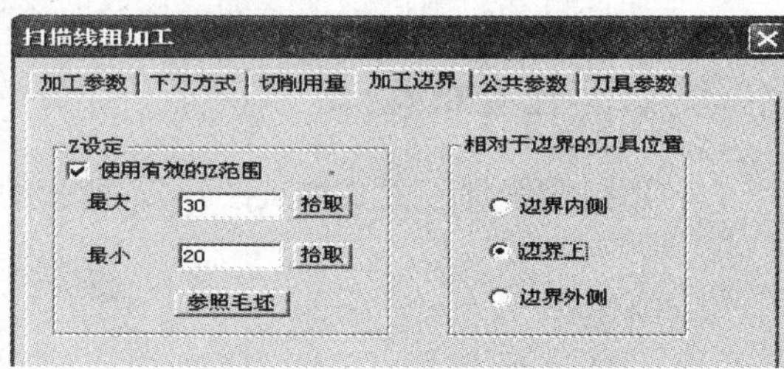

图6-31　加工边界设置

5）设置刀具参数，如图6-32所示。

6）参数设置好后单击【确定】按钮，按提示拾取加工对象实体，单击右键确定；拾取加工边界并确定后，系统自动计算出加工轨迹，完成扫描线的粗加工。

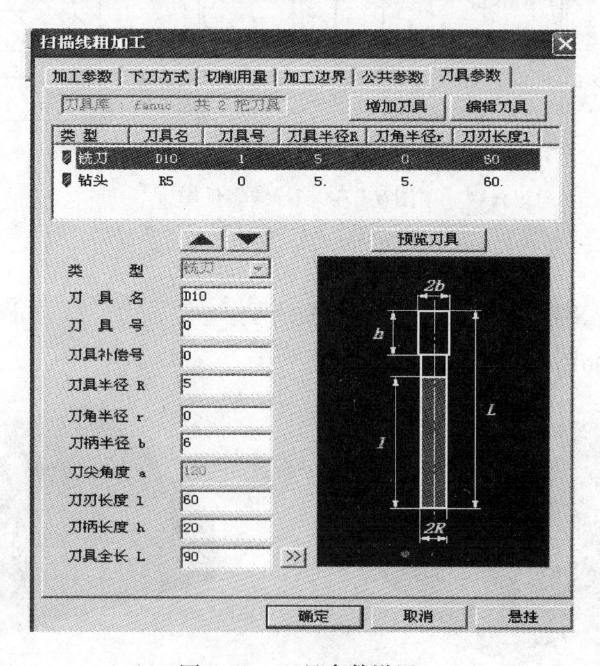

图6-32　刀具参数设置

7）隐藏粗加工轨迹。右键单击特征树中的【扫描线粗加工】，弹出【隐藏】。隐藏轨迹的目的是在精加工时能更清楚地选择加工路线。

8）单击【扫描线精加工】按钮，设置精加工参数，如图 6-33 所示。其余各参数的设置与粗加工时相同。

9）单击特征树中的【刀具轨迹】，即选定刀具轨迹，如图 6-34 所示，单击右键弹出快捷菜单，选择【实体仿真】，进行加工实体的仿真校验，如图 6-35 所示。

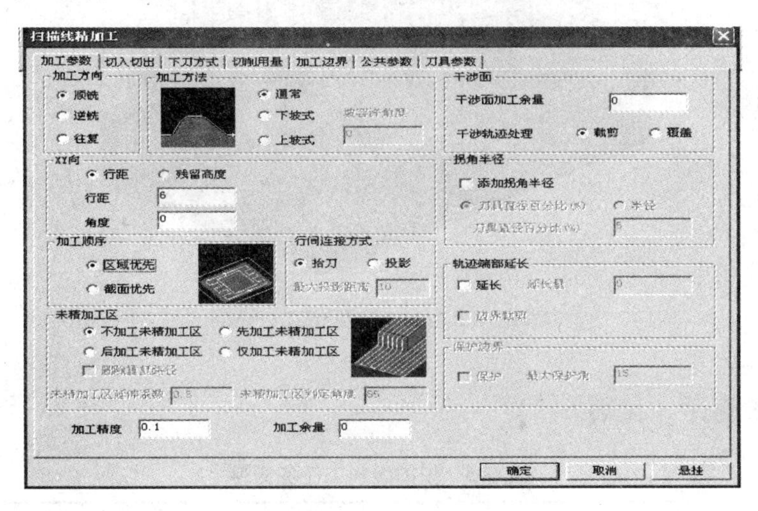

图 6-33　精加工参数设置

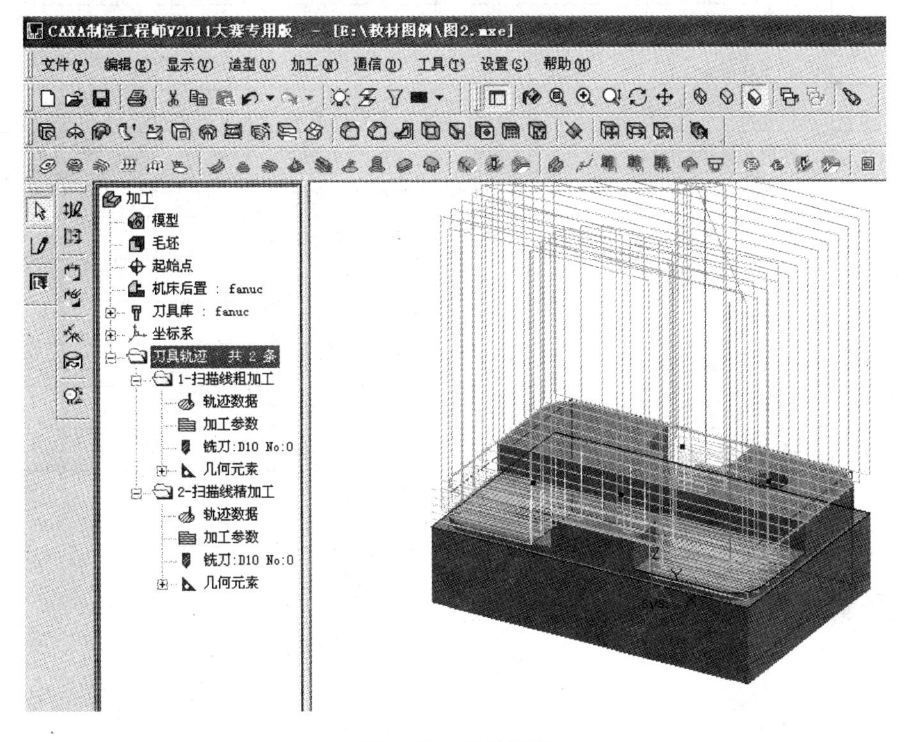

图 6-34　刀具轨迹

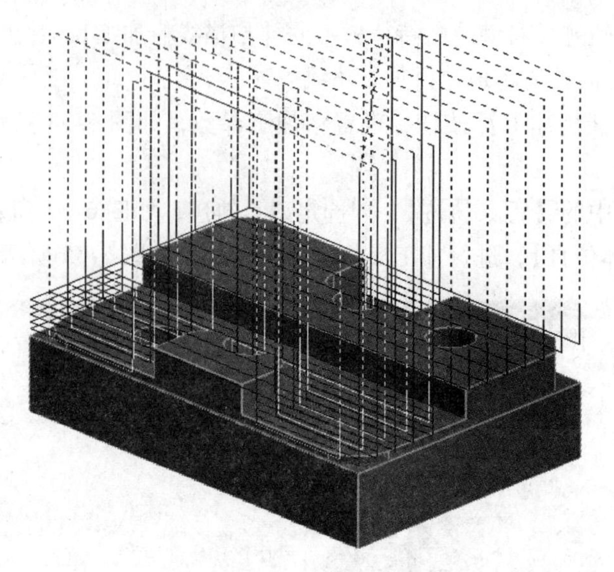

图 6-35　实体仿真

四、任务测评（见表 6-3）

表 6-3　扫描线加工任务测评

项目	要求	配分	评分标准	自我评价	小组评价	教师评价
课堂纪律	准时到达机房	5	迟到全扣			
	学习用具齐全	5	不合格全扣			
	课堂表现、参与情况	10	不认真全扣			
CAXA 数控铣床自动编程学习情况	构建实体模型	10	不正确全扣			
	设置毛坯	10	不正确全扣			
	设置刀具参数	10	不正确全扣			
	设置加工参数	10	不正确全扣			
	实体仿真	10	不正确全扣			
	生成后处理程序	10	不正确全扣			
安全文明	正确操作设备	10	不合格全扣			
	清洁卫生	10	不合格全扣			

五、强化练习

完成图 6-36 和图 6-37 所示零件的加工。

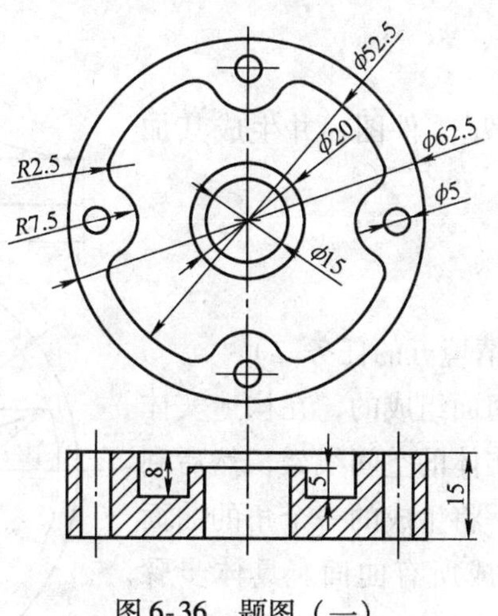

图 6-36　题图（一）

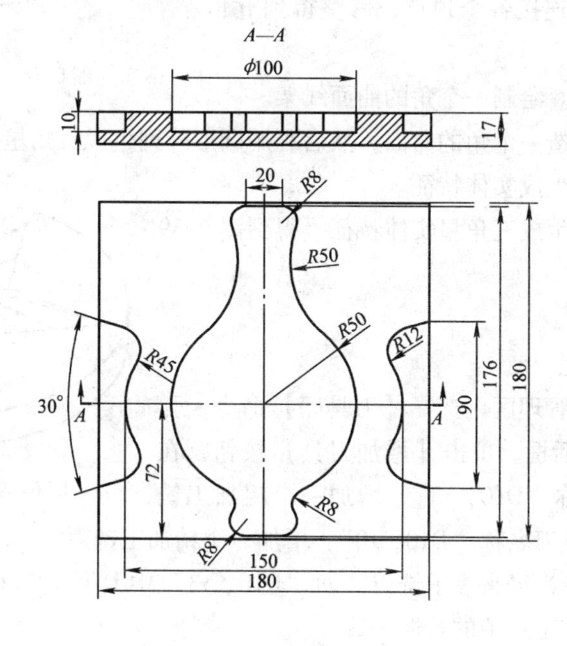

图 6-37　题图（二）

任务四　五角星的造型与加工

一、学习目标

能力目标：能够完成五角星的造型及加工参数的设置。

知识目标：巩固等高线粗、精加工参数设置、加工仿真、后处理程序生成方法。

二、任务布置

绘制图6-38所示的五角星零件图，并生成其加工轨迹。

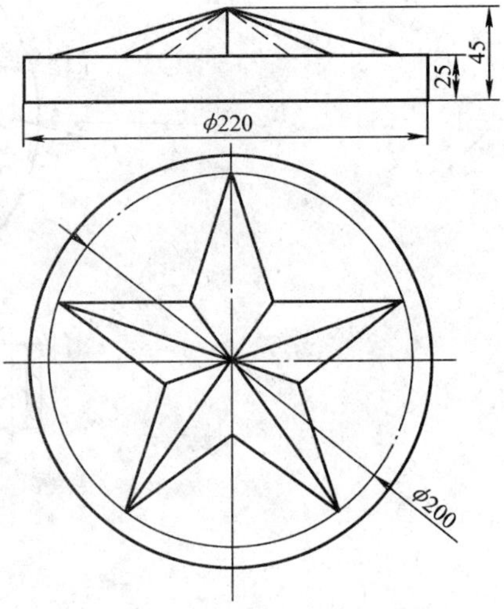

图6-38 五角星零件图

三、任务实施

1. 五角星造型（见学习情境五的任务二）

五角星主要是由多个空间面组成的，在构造实体时首先应使用空间曲线构造实体的空间线架，然后利用直纹面生成一个角的曲面，将生成的一个角的曲面进行圆形均布阵列，最终生成所有曲面。具体步骤如下：

1）作正多边形，连接各个顶点，修整得到五角星平面图。

2）构造空间线架。绘制一个角的曲面线架。

3）用直纹曲面构造一个角的曲面，然后利用圆形阵列生成五角星曲面。

4）利用拉伸增料生成实体特征。

5）使用曲面剪裁生成五角星实体特征，得到图6-39所示的实体图。

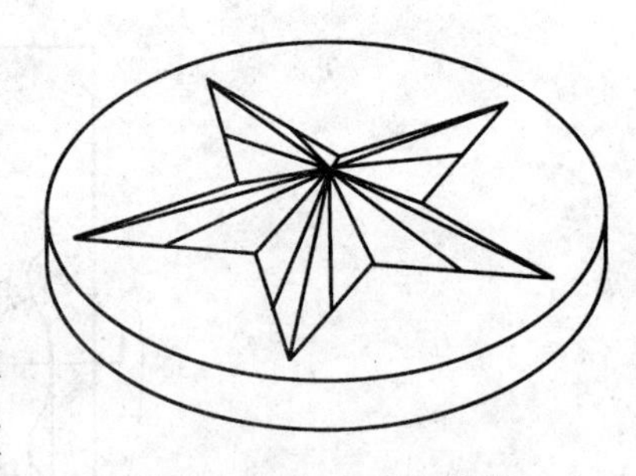

图6-39 五角星实体图

2. 五角星加工

（1）设定加工刀具

1）在特征树加工管理区内选择【刀具库】命令，弹出【刀具库管理】对话框。单击【增加刀具】按钮，在对话框中输入铣刀名称“D10，r3”，增加一个粗加工铣刀；在对话框中输入铣刀名称“D10，r0”，增加一个精加工铣刀。

一般以直径和刀角半径来表示铣刀，如“D10，r3”中D代表刀具直径，r代表刀角半径。刀具名称应尽量和工厂中的习惯一致。

2）设定增加铣刀的参数。在【刀具库管理】对话框中输入正确的数值，刀具定义即可完成。其中的【刀刃长度】和【刃杆长度】与仿真有关而与实际加工无关，在实际加工中要正确选择背吃刀量，以免损坏刀具。

（2）等高线粗加工刀具轨迹

1）单击主菜单中的【加工】→【毛坯】，弹出【定义毛坯】对话框，采用“参照模型”方式定义毛坯。

2）单击主菜单中的【加工】→【粗加工】→【等高线粗加工】，弹出【等高线粗加工】对话框。

3）设置等高线粗加工参数、切削用量、进退刀参数和下刀方式，安全高度设为50mm；设置铣刀参数、加工边界，Z设定最大为30mm。

4）单步显示刀具轨迹仿真，如图 6-40 所示。

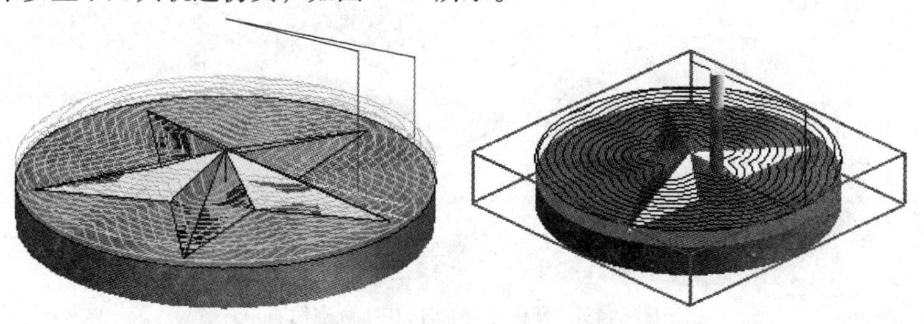

图 6-40　粗加工刀具轨迹仿真

（3）等高线精加工刀具轨迹

1）单击主菜单中的【加工】→【精加工】→【等高线精加工】，弹出【等高线精加工】对话框。

2）设置加工参数、切削用量、进退刀参数、下刀方式、铣刀参数和加工边界。

3）单击【确定】按钮，拾取加工曲面和加工边界，单击右键确定，生成的刀具轨迹如图 6-41 所示。

4）单步显示刀具轨迹仿真，如图 6-42 所示。

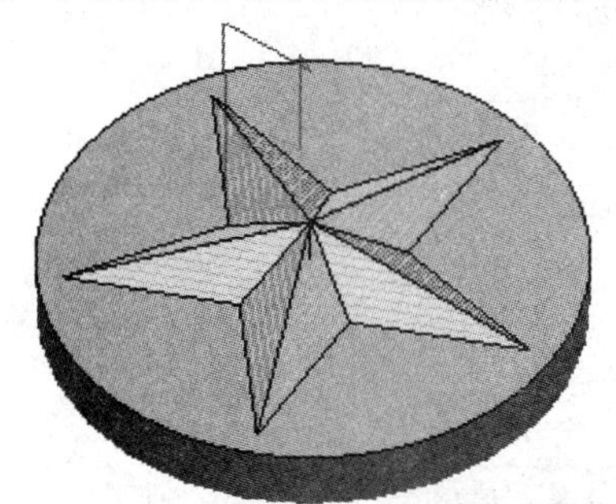

图 6-41　刀具轨迹

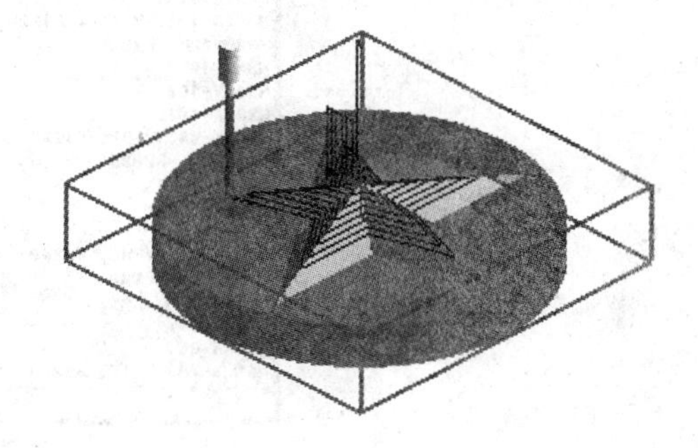

图 6-42　精加工刀具轨迹仿真

（4）等高线补加工

1）单击主菜单中的【加工】→【毛坯】，弹出【定义毛坯】对话框，采用“参考模型”方式定义毛坯。

2）单击主菜单中的【加工】→【补加工】→【等高线补加工】，弹出【等高线补加工】对话框。

3）设置加工参数、切削用量、进退刀参数、下刀方式和铣刀参数。

4）单击【确定】按钮，拾取加工对象和轮廓边界，单击右键确定，生成的刀具轨迹如图 6-43 所示。仿真检验无误后，即可保存粗、精加工轨迹。

（5）生成数控程序

1）单击【加工】→【后置处理】→【生成 G 代码】，在弹出的【选择后置文件】对话框中给定要生成的数控代码文件名（五角星. cut）及其存储路径，按【确定】按钮退出。

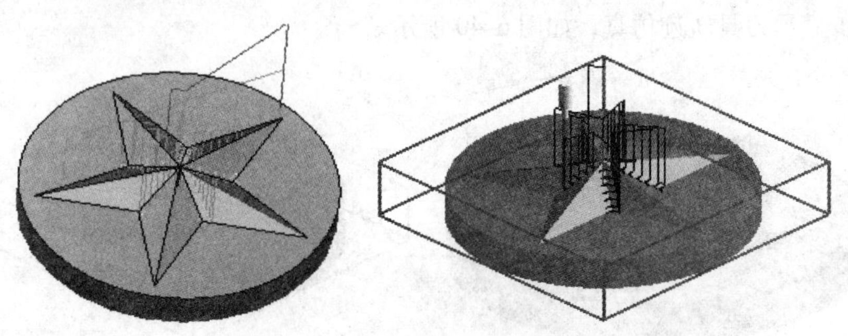

图 6-43　等高线补加工刀具轨迹仿真

2）分别拾取粗加工轨迹、精加工轨迹和补加工轨迹，单击右键确定，生成数控程序（广州数控系统 GSK990M11），如图 6-44 所示。

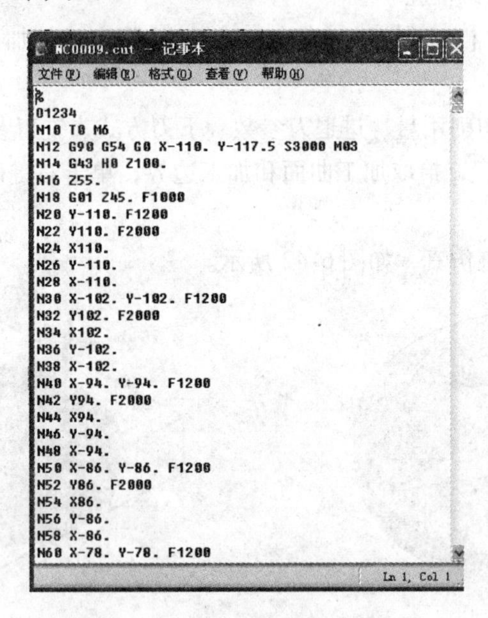

NC0009.cut - 记事本

文件(F)　编辑(E)　格式(O)　查看(V)　帮助(H)

```
%
O1234
N10 T0 M6
N12 G90 G54 G0 X-110. Y-117.5 S3000 M03
N14 G43 H0 Z100.
N16 Z55.
N18 G01 Z45. F1000
N20 Y-110. F1200
N22 Y110. F2000
N24 X110.
N26 Y-110.
N28 X-110.
N30 X-102. Y-102. F1200
N32 Y102. F2000
N34 X102.
N36 Y-102.
N38 X-102.
N40 X-94. Y-94. F1200
N42 Y94. F2000
N44 X94.
N46 Y-94.
N48 X-94.
N50 X-86. Y-86. F1200
N52 Y86. F2000
N54 X86.
N56 Y-86.
N58 X-86.
N60 X-78. Y-78. F1200
```

Ln 1, Col 1

图 6-44　五角星加工数控程序

四、任务测评（见表 6-4）

表 6-4　五角星的造型与加工任务测评

项目	要求	配分	评分标准	自我评价	小组评价
课堂纪律	准时到达机房	5	迟到全扣		
	学习用具齐全	5	不合格全扣		
	课堂表现、参与情况	10	不认真全扣		
CAXA 数控铣床自动编程学习情况	构建实体模型	10	不正确全扣		
	设置毛坯	10	不正确全扣		
	设置刀具参数	10	不正确全扣		

（续）

项目	要求	配分	评分标准	自我评价	小组评价
CAXA 数控铣床自动编程学习情况	设置加工参数	10	不正确全扣		
	实体仿真	10	不正确全扣		
	生成后处理程序	10	不正确全扣		
安全文明	正确操作设备	10	不合格全扣		
	清洁卫生	10	不合格全扣		

五、强化练习

完成前面已建模的鼠标零件的加工，如图 6-45 所示。

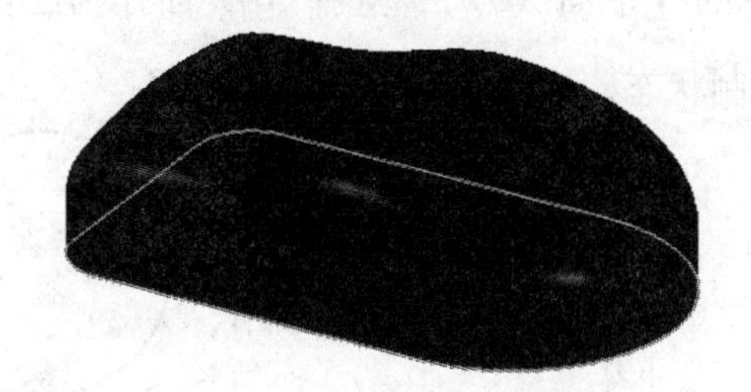

图 6-45　题图

任务五　连杆件的造型与加工

一、学习目标

能力目标：能够利用所学知识完成连杆件的实体造型与加工。
知识目标：巩固实体造型、加工参数设置方法。

二、任务布置

完成图 6-46 所示连杆件的实体造型与加工。

三、任务实施

1. 连杆件的造型

根据连杆件的造型及其三视图，可以分析出连杆主要包括底部的托板、基本拉伸体、两个凸台、凸台上的孔和基本拉伸体上表面的凹坑。其中，底部的托板、基本拉伸体和两个凸台可以通过拉伸草图来得到；基本拉伸体上表面的凹坑先使用等距实体边界线得到草图轮廓，然后使用带有拔模斜度的拉伸减料来生成。具体操作步骤如下。

（1）构建基本拉伸体

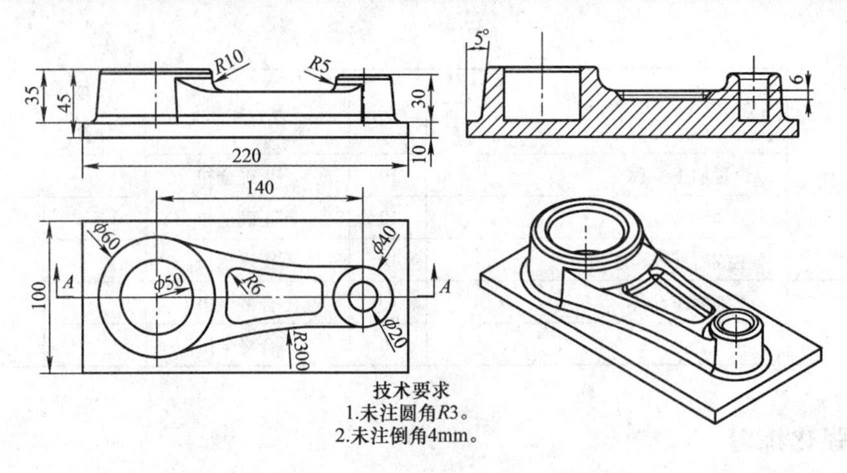

图 6-46　连杆件

1）单击零件特征树中的【平面 *XOY*】，选择 *XOY* 面作为绘图基准面。单击【绘制草图】按钮，进入草图绘制状态，绘制图 6-47 所示的草图。

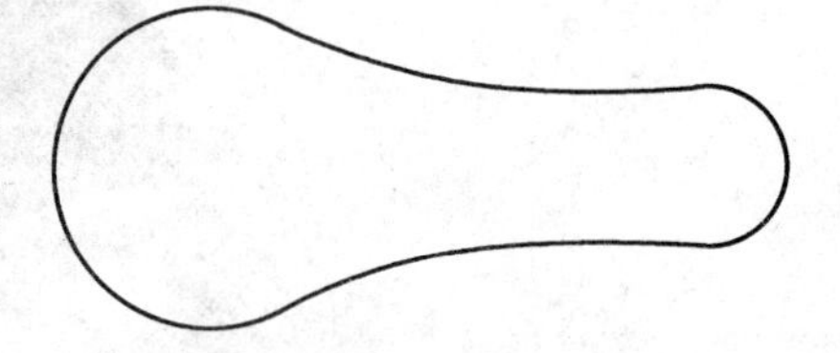

图 6-47　草图绘制

2）单击特征工具栏上的【拉伸增料】按钮，在对话框中输入深度 20mm，选中【增加拔模斜度】复选框，输入拔模角度 5°，并单击【确定】按钮。操作结果如图 6-48 所示。

（2）拉伸大凸台　单击基本拉伸体的下表面，选择该下表面作为绘图基准面，绘制整圆。然后单击【拉伸增料】按钮，在对话框中输入深度 35mm，选中【增加拔模斜度】复选框，输入拔模角度 5°，并单击【确定】按钮。操作结果如图 6-49 所示。

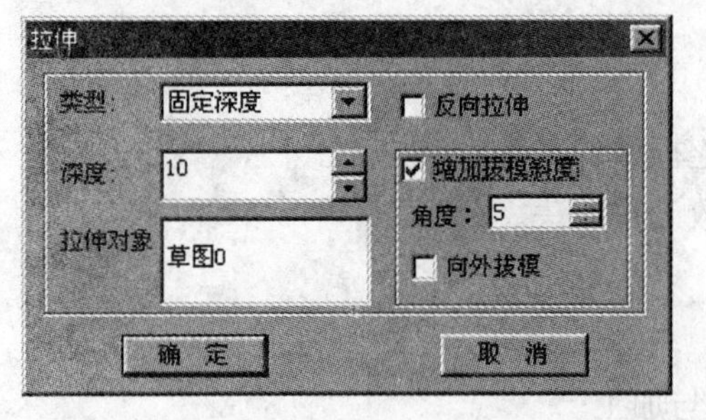

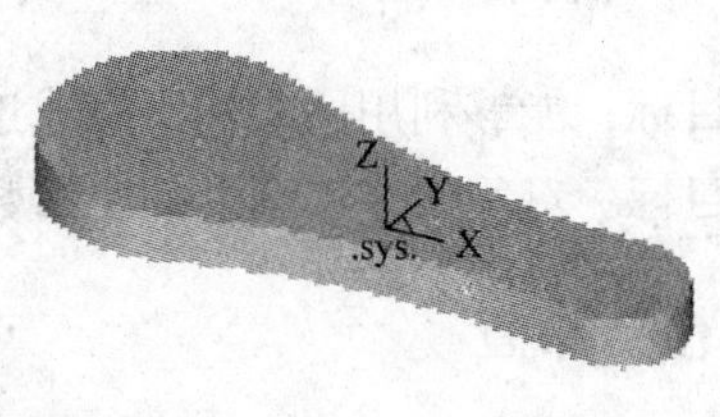

图 6-48　拉伸增料

图 6-49　拉伸大凸台

（3）拉伸小凸台　拾取下表面小圆的圆心和端点，完成小凸台草图的绘制。输入深度 30mm，拔模角度 5°，生成小凸台，如图 6-50 所示。

图 6-50　拉伸小凸台

(4) 构建凸台上的孔　单击【打孔】按钮，弹出的【孔的类型】对话框，如图 6-51 所示。

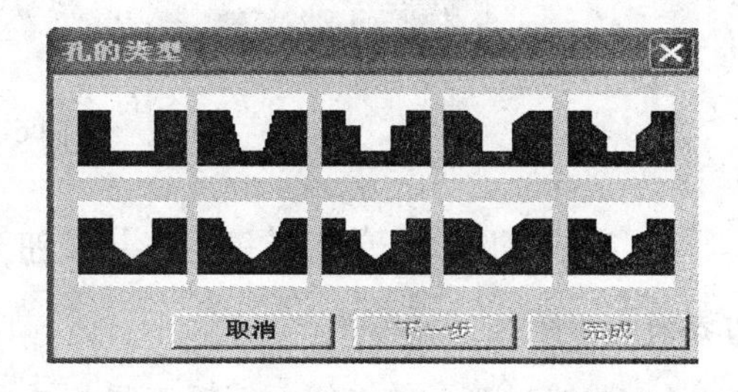

图 6-51　【孔的类型】对话框

当系统提示“拾取打孔平面”时，单击凸台上表面；当系统提示“选择孔型”时，在对话框中单击直孔；当系统提示“指定孔的定位点”时，按回车键，再按空格键弹出快捷菜单，拾取圆心点。单击对话框中的【下一步】，设置孔参数，如图 6-52 所示。设置完成后，单击【完成】键即可完成 ϕ50mm 孔的构建。

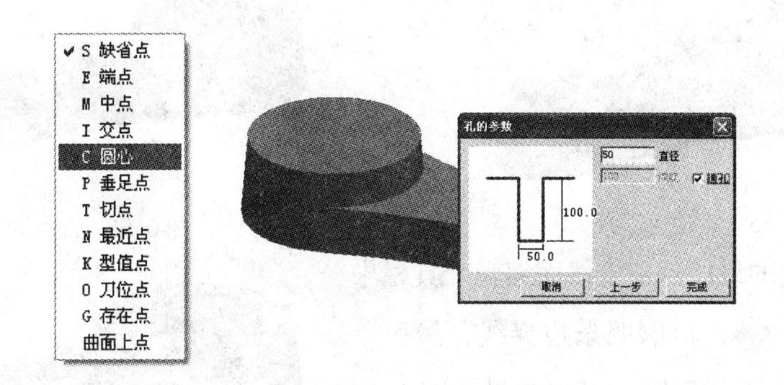

图 6-52　孔参数设置

按同样的方式构建 ϕ20mm 的孔，完成小凸台上孔的造型，如图 6-53 所示。

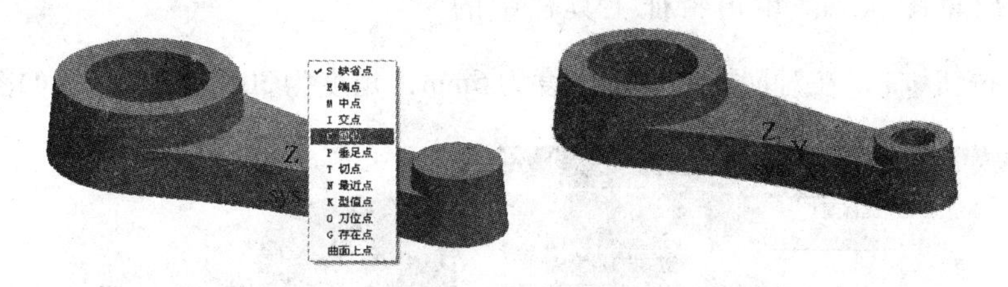

图 6-53　小凸台上孔的造型

(5) 利用拉伸减料生成基本体上表面的凹坑

1) 单击基本拉伸体的上表面，选择拉伸体上表面作为绘图基准面，然后单击【绘制草

图】按钮，进入草图状态。

2）单击曲线生成工具栏的【相关线】按钮，选择立即菜单中的【实体边界】，拾取图 6-54 所示的四条边界线。

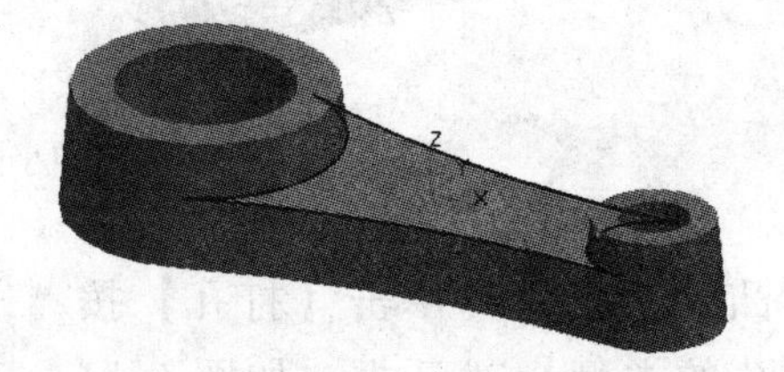

图 6-54　凹坑

3）生成等距线。单击【等距线】按钮，以等距距离 10mm 和 6mm 分别作刚生成的边界线的等距线，如图 6-55 所示。

4）曲线过渡。单击线面编辑工具栏中的【曲线过渡】按钮，在立即菜单中输入半径 6mm，对等距生成的曲线作过渡，如图 6-56 所示。

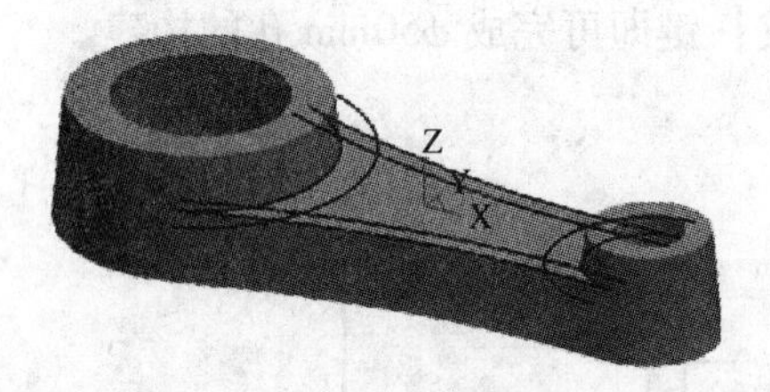

图 6-55　生成等距线

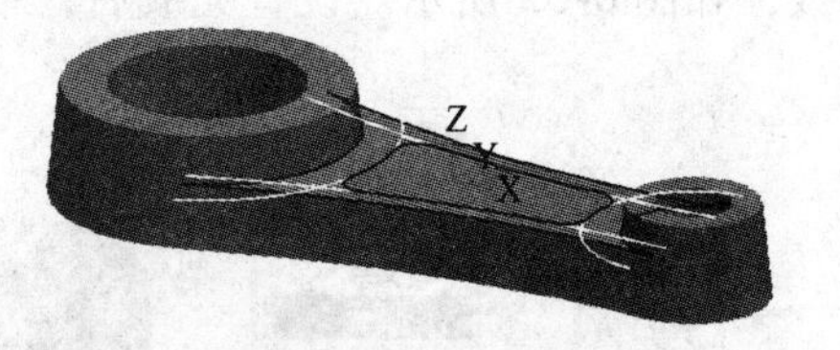

图 6-56　曲线过渡

5）删除多余的线段。单击线面编辑工具栏中的【删除】按钮，拾取四条边界线，然后单击鼠标右键将各边界线删除，操作结果如图 6-57 所示。

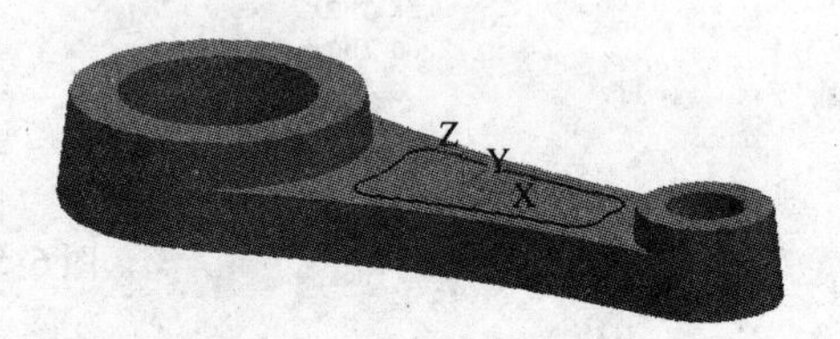

图 6-57　删除多余的线段

6）拉伸减料生成凹坑。单击【绘制草图】按钮，退出草图状态。单击特征工具栏中的【拉伸减料】按钮，在对话框中设置深度为 6mm，角度为 30°，操作结果如图 6-58 所示。

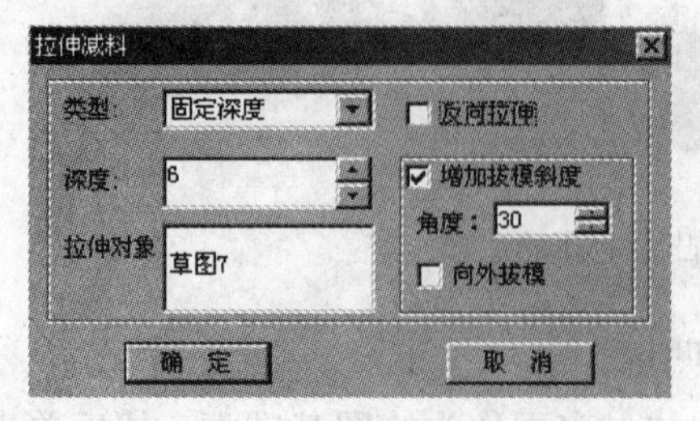

图 6-58　拉伸减料

（6）过渡零件上表面的棱边

1）单击特征工具栏中的【过渡】按钮，在对话框中输入半径 10mm，拾取大凸台和基本拉伸体的交线，并单击【确定】按钮，操作结果如图 6-59 所示。

图 6-59　过渡棱边

2）单击【过渡】按钮，在对话框中输入半径 5mm，拾取小凸台和基本拉伸体的交线并确定。

3）单击【过渡】按钮，在对话框中输入半径 3mm，拾取上表面的所有棱边并确定，孔口倒角 $R3$mm，凹坑底部倒圆角 4mm，操作结果如图 6-60 所示。

（7）利用拉伸增料生成底部托板

1）单击基本拉伸体的下表面，选择拉伸体下表面作为绘图基准面，然后单击【绘制草图】按钮，进入草图状态，绘制 220mm × 100mm 的矩形，拉伸 10mm。

2）对连杆与托板连接处倒圆角 $R4$mm，即可完成托板的构建，如图 6-61 所示。

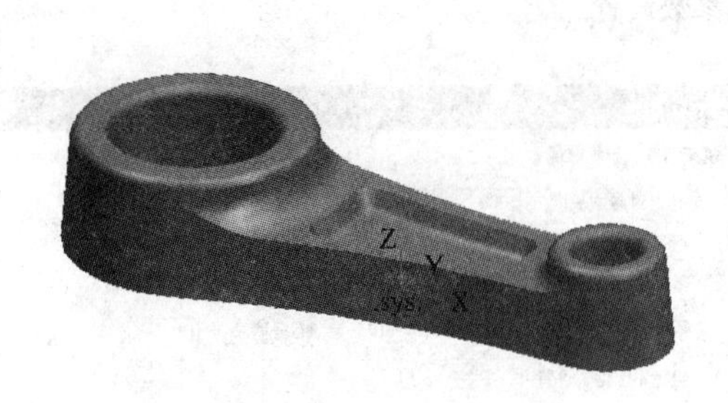

图 6-60　过渡圆角

图 6-61　托板的构建

2. 连杆件的加工

连杆件的整体形状较为陡峭，整体加工选择等高线粗加工，精加工采用等高线精加工。对于凹坑部分，根据加工需要还可以应用曲面区域加工方式进行局部加工。对于孔，可采用钻孔→铣孔→轮廓线精加工孔的方式完成其加工。

零件加工工序和刀具的选择见表 6-5。

（1）轨迹生成前的各项设置

1）单击【加工管理】按钮，设置毛坯参照模型，如图 6-62 所示。

2）单击【加工管理】按钮，设置【机床后置】参数，如图 6-63 和图 6-64 所示。

表 6-5　零件加工工序和刀具的选择

工序	刀具规格/mm	类型	材料	加工内容
1	$\phi20$，$R2$	牛鼻刀	硬质合金	粗加工连杆件外形
2	$\phi18$ 钻头	钻头	高速钢	钻 $\phi50$mm、$\phi20$mm 底孔
3	$\phi16$ 立铣刀	平底刀	硬质合金	粗加工 $\phi50$mm、$\phi20$mm 孔，留余量0.2mm
4	$\phi16$ 立铣刀	平底刀	硬质合金	精加工 $\phi50$mm、$\phi20$mm 孔
5	$\phi16$，$R2$	牛鼻刀	硬质合金	精加工连杆件外形（不包括中间凹槽）
6	$R4$ 球头刀	球头刀	硬质合金	精加工中间凹槽，孔口倒圆角

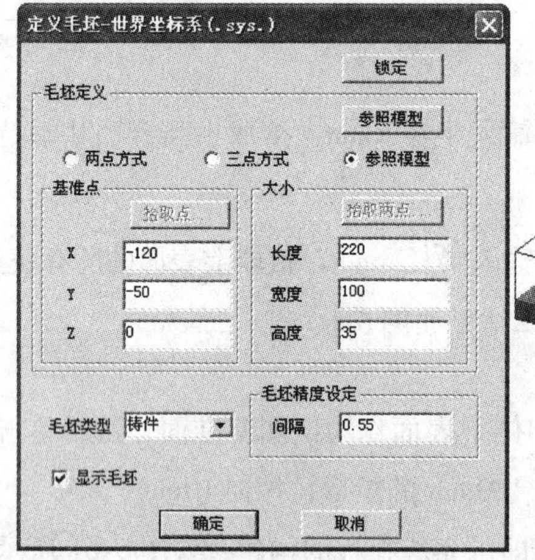

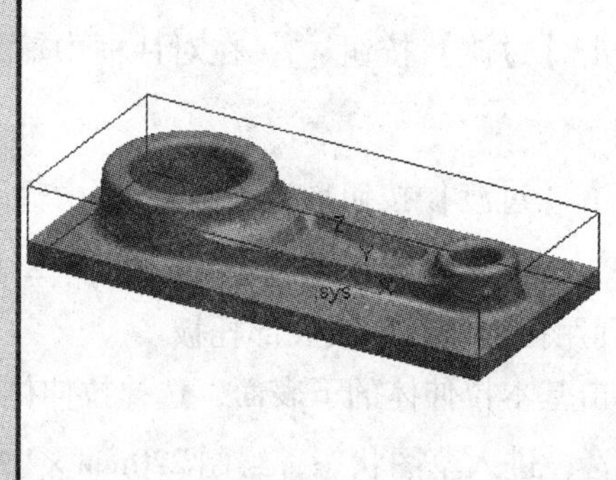

图 6-62　毛坯参数设置

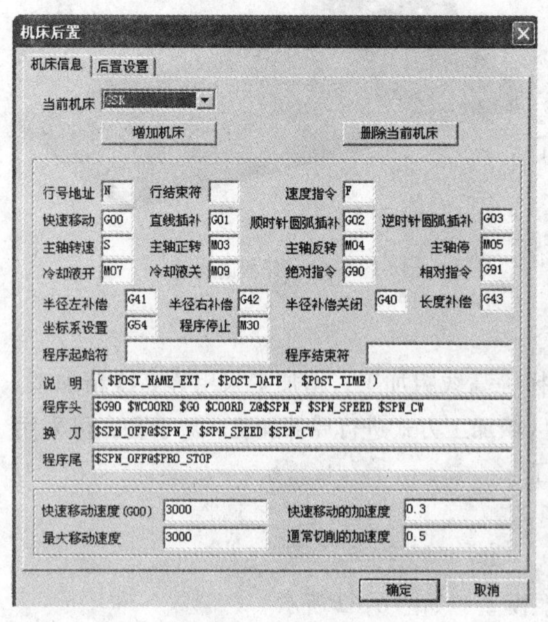

图 6-63　机床信息

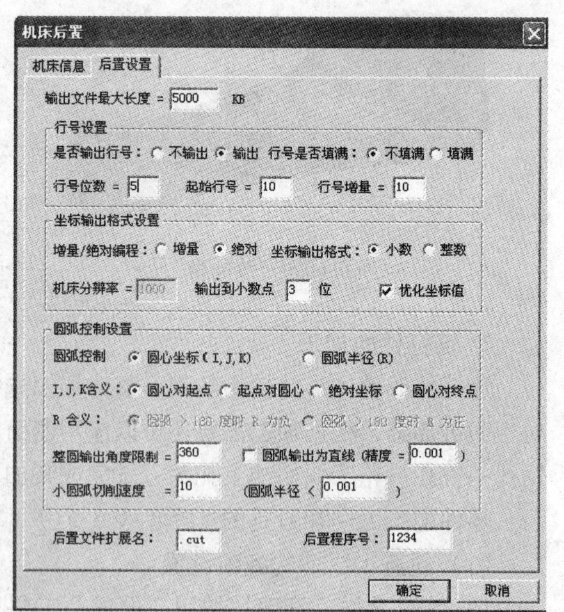

图 6-64　后置设置

3）单击【加工管理】按钮，再单击【刀具库】按钮，按加工工艺要求通过【增加刀具】选项，对所需刀具进行设置，如图 6-65 所示。

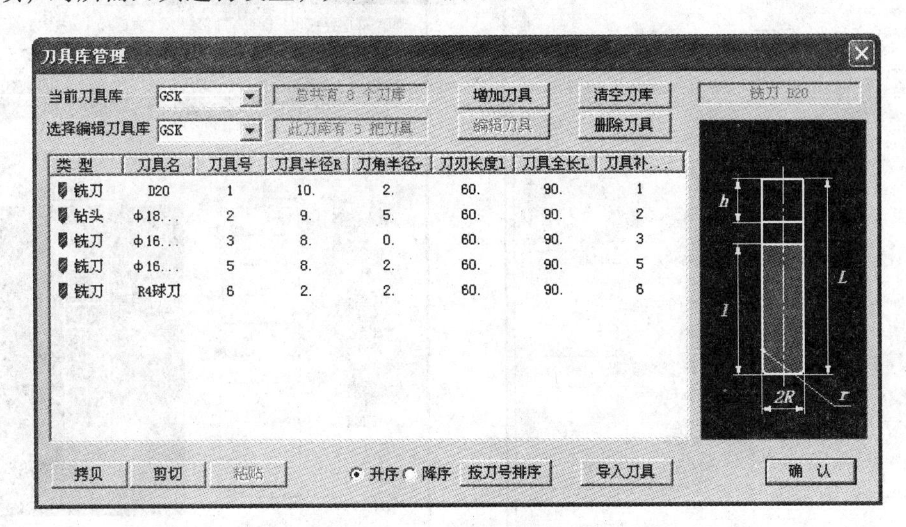

图 6-65　刀具设置

4）使用【相关线】→【实体边界】，依次拾取加工时需要的实体以生成边界线，如图 6-66 中的黑色的线所示。单击【造型】→【曲面生成】→【实体表面】，拾取孔口圆角面，如图 6-67 所示。

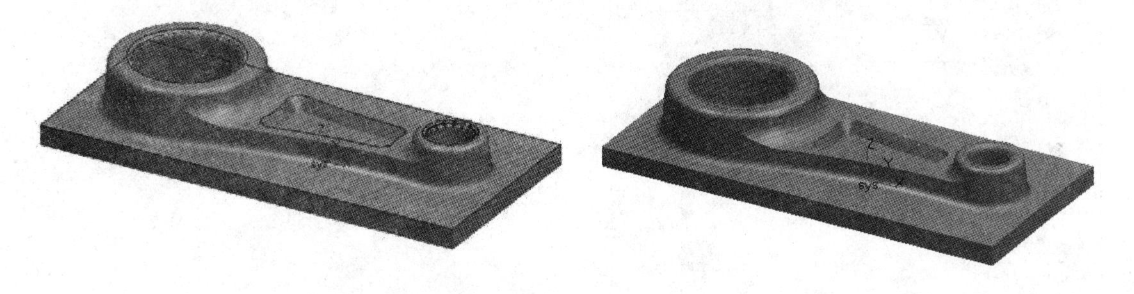

图 6-66　边界拾取　　　　图 6-67　倒圆角

（2）用等高线粗加工方式粗加工连杆外形

1）单击【粗加工】对话框中的【等高线粗加工 2】，选用“D20，r2”的 1 号牛鼻刀，加工参数设置及刀具参数设置如图 6-68 和图 6-69 所示。下刀方式采用螺旋下刀，切入切出参数设置如图 6-70 所示。

2）参数设置好后单击【确定】按钮，拾取加工对象——实体，拾取加工边界——托板边界、凸台两整圆（前面用相关线产生的实体边界线），单击右键确定，即可生成连杆外形粗加工刀具轨迹，如图 6-71 所示。

（3）用 ϕ18mm 钻头钻 ϕ50mm、ϕ20mm 底孔　单击【其他加工】中的【孔加工】，设置加工参数，如图 6-72 所示。设置好后单击【确定】按钮，当系统提示“拾取点”时拾取圆心。

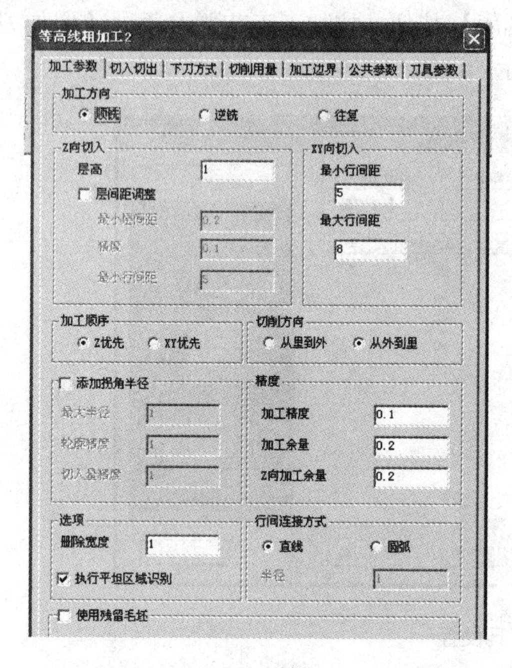

图6-68　加工参数设置

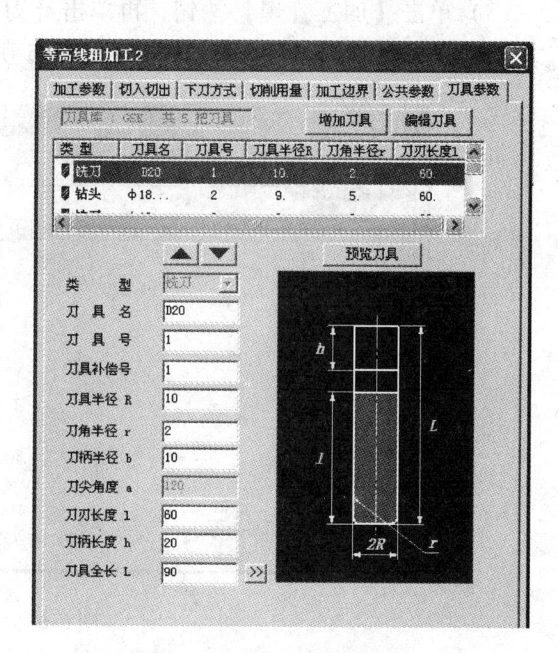

图6-69　刀具参数设置

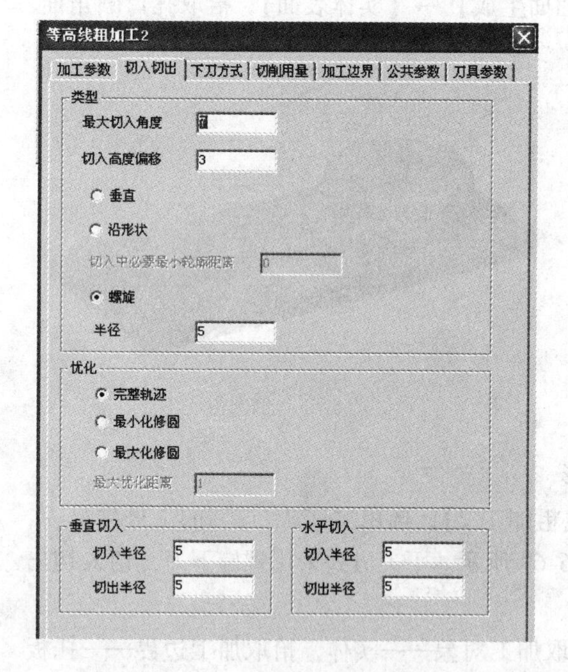

图6-70　切入切出参数设置

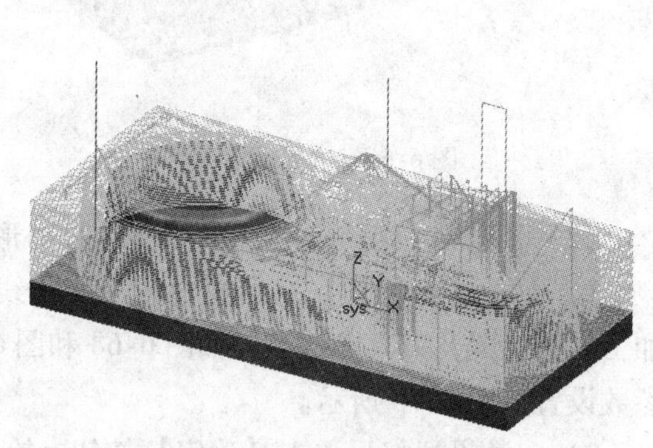

图6-71　连杆外形粗加工刀具轨迹

（4）用ϕ16mm立铣刀粗加工孔　单击【其他加工】中的【铣圆孔加工】，设置铣圆孔参数，如图6-73所示。设置好后单击【确定】按钮，当系统提示“拾取点”时拾取圆心，完成孔的粗加工。

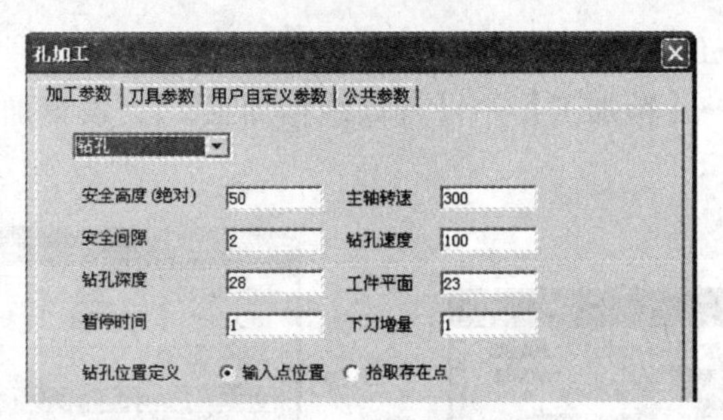

图 6-72　加工参数设置

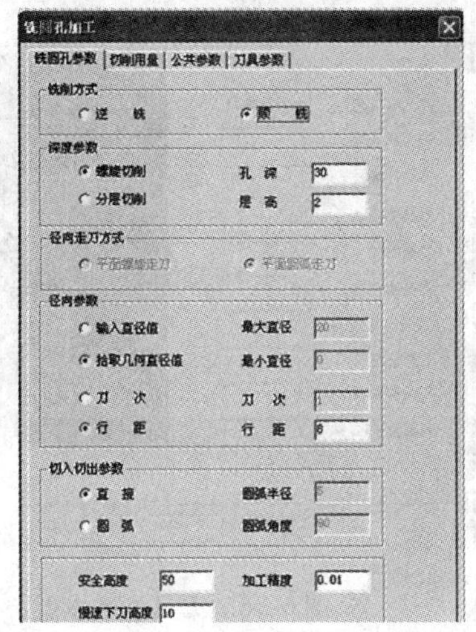

图 6-73　铣圆孔加工参数设置

（5）用 ϕ16mm 立铣刀精加工孔　单击【加工】→【精加工】→【轮廓线精加工】，设置加工参数，如图 6-74 所示。参数设置好后单击【确定】按钮，拾取圆弧轮廓，生成孔的精加工轨迹。

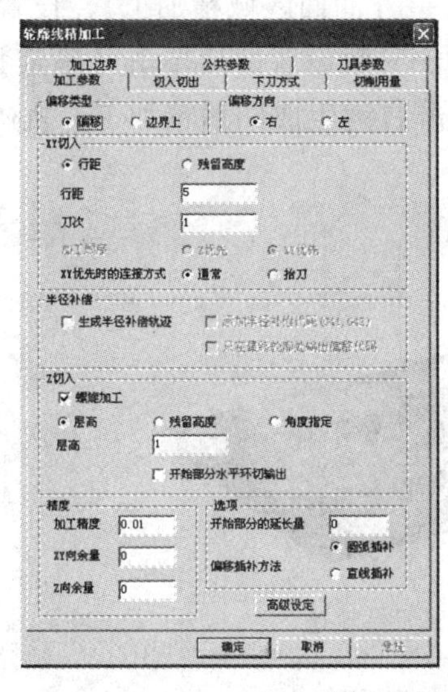

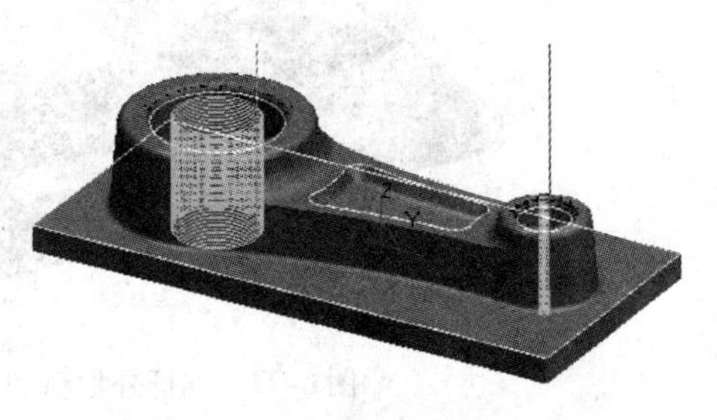

图 6-74　孔的精加工参数设置

(6) 连杆外形精加工

1) 选择【加工】→【精加工】→【等高线精加工2】，设置加工参数和刀具参数，如图6-75和图6-76所示。

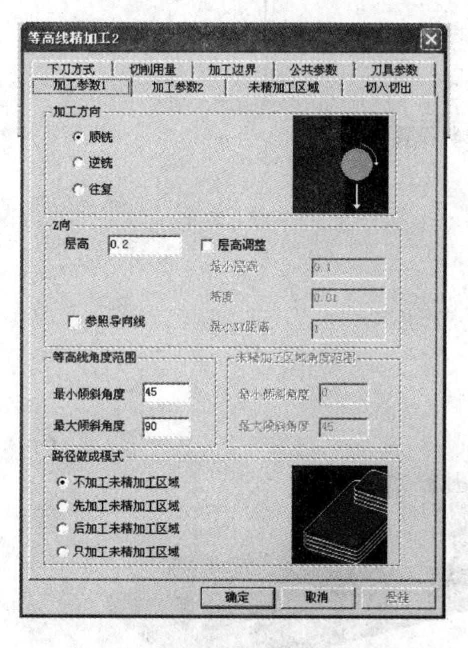

图6-75　加工参数设置

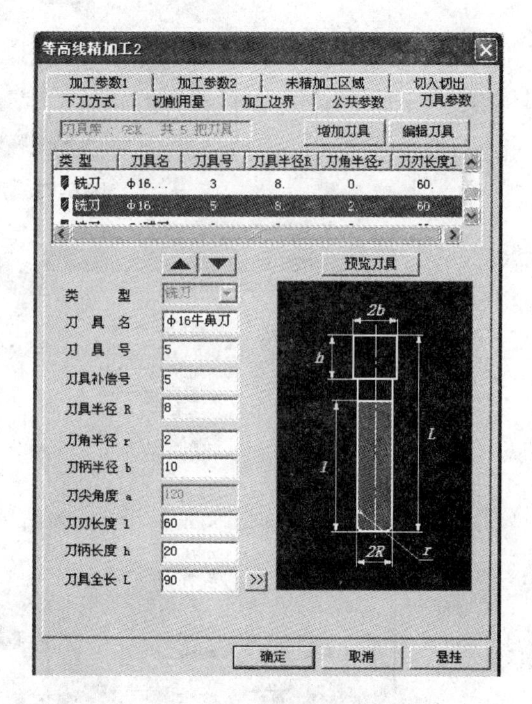

图6-76　刀具参数设置

2) 参数设置好后单击【确定】按钮，拾取加工对象——实体，拾取加工边界——托板边界、凸台两整圆，单击右键确定，即可生成连杆外形精加工刀具轨迹，如图6-77所示。

(7) 凹槽精加工　单击【加工】→【精加工】→【曲面区域精加工】，设置加工参数，如图6-78所示。走刀方式为平行加工，角度为90°。参数设置好后单击【确定】按钮，拾取对象——连杆实体，拾取轮廓——凹槽轮廓，单击右键生成凹槽精加工，轨迹如图6-79所示。

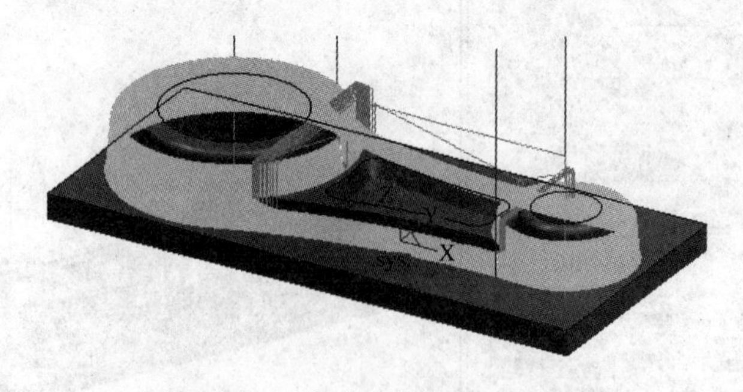

图6-77　连杆外形精加工刀具轨迹

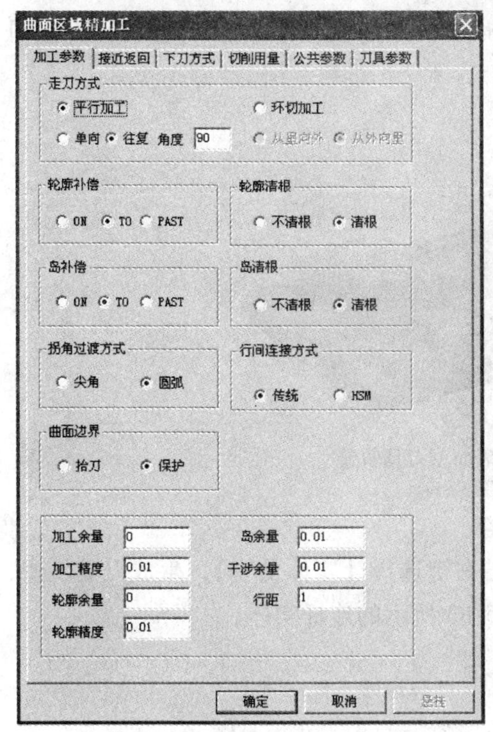

图 6-78　曲面区域精加工参数设置

图 6-79　凹槽精加工轨迹

（8）凸台孔口倒圆角精加工　单击【加工】→【精加工】→【曲面区域精加工】，设置加工参数，如图 6-80 所示。参数设置好后单击【确定】按钮，拾取加工对象——孔口圆

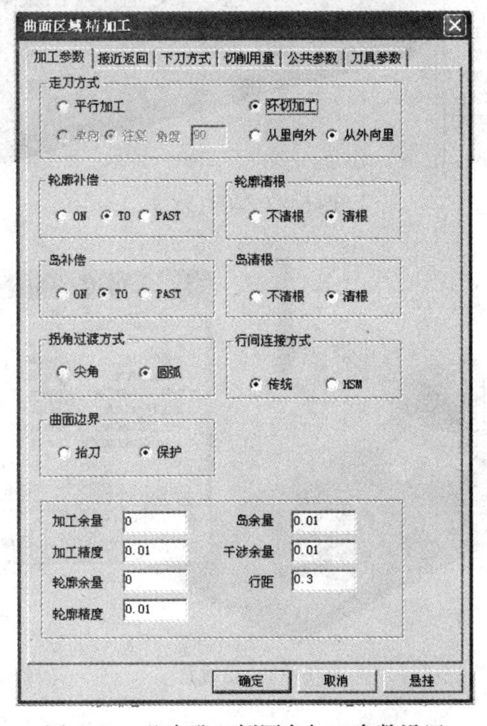

图 6-80　凸台孔口倒圆角加工参数设置

角曲面，单击右键确定退出，即可生成凸台孔口倒圆角精加工刀具轨迹，如图 6-81 所示。

图 6-81　凸台孔口倒圆角精加工刀具轨迹

3. 实体轨迹仿真及生成数控程序

1）单击【加工管理】中的【刀具轨迹】，单击右键选择【实体仿真】，生成刀具轨迹，如图 6-82 所示。单击【仿真加工】按钮，得到图 6-83 所示的连杆实体。

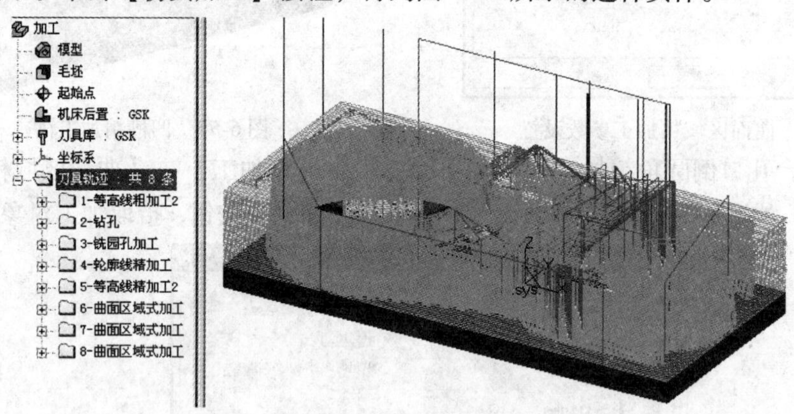

图 6-82　刀具轨迹

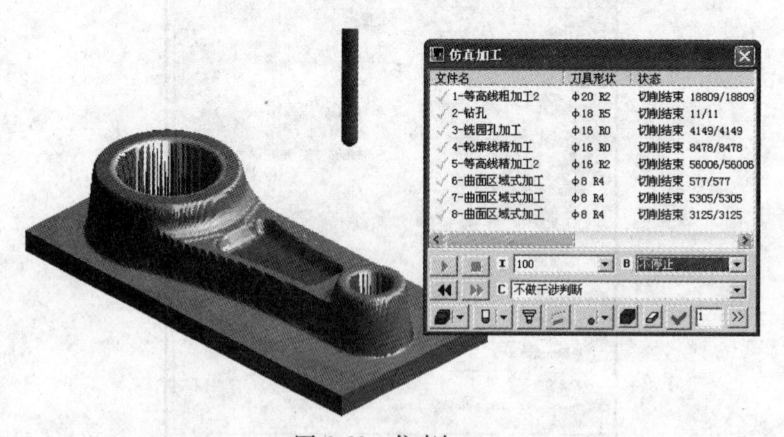

图 6-83　仿真加工

2）单击【加工】→【后置处理】→【生成 G 代码】，在弹出的【选择后置文件】对话

框中给定要生成的数控程序文件名（连杆 . cut）及其存储路径，单击【确定】按钮退出，生成连杆加工数控程序，如图 6-84 所示。

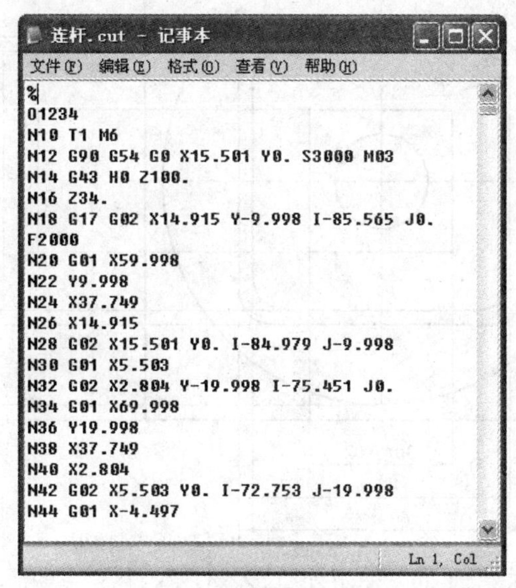


```
%
O1234
N10 T1 M6
N12 G90 G54 G0 X15.501 Y0. S3000 M03
N14 G43 H0 Z100.
N16 Z34.
N18 G17 G02 X14.915 Y-9.998 I-85.565 J0.
F2000
N20 G01 X59.998
N22 Y9.998
N24 X37.749
N26 X14.915
N28 G02 X15.501 Y0. I-84.979 J-9.998
N30 G01 X5.503
N32 G02 X2.804 Y-19.998 I-75.451 J0.
N34 G01 X69.998
N36 Y19.998
N38 X37.749
N40 X2.804
N42 G02 X5.503 Y0. I-72.753 J-19.998
N44 G01 X-4.497
```

图 6-84　连杆加工数控程序

四、任务测评（见表 6-6）

表 6-6　连杆件的造型与加工任务测评

项目	要求	配分	评分标准	自我评价	小组评价
课堂纪律	准时到达机房	5	迟到全扣		
	学习用具齐全	5	不合格全扣		
	课堂表现、参与情况	10	不认真全扣		
CAXA 数控铣床自动编程学习情况	构建实体模型	10	不正确全扣		
	设置毛坯	10	不正确全扣		
	设置刀具参数	10	不正确全扣		
	设置加工参数	10	不正确全扣		
	实体仿真	10	不正确全扣		
	生成后处理程序	10	不正确全扣		
安全文明	正确操作设备	10	不合格全扣		
	清洁卫生	10	不合格全扣		

五、强化练习

完成图 6-85 所示零件的造型与加工。

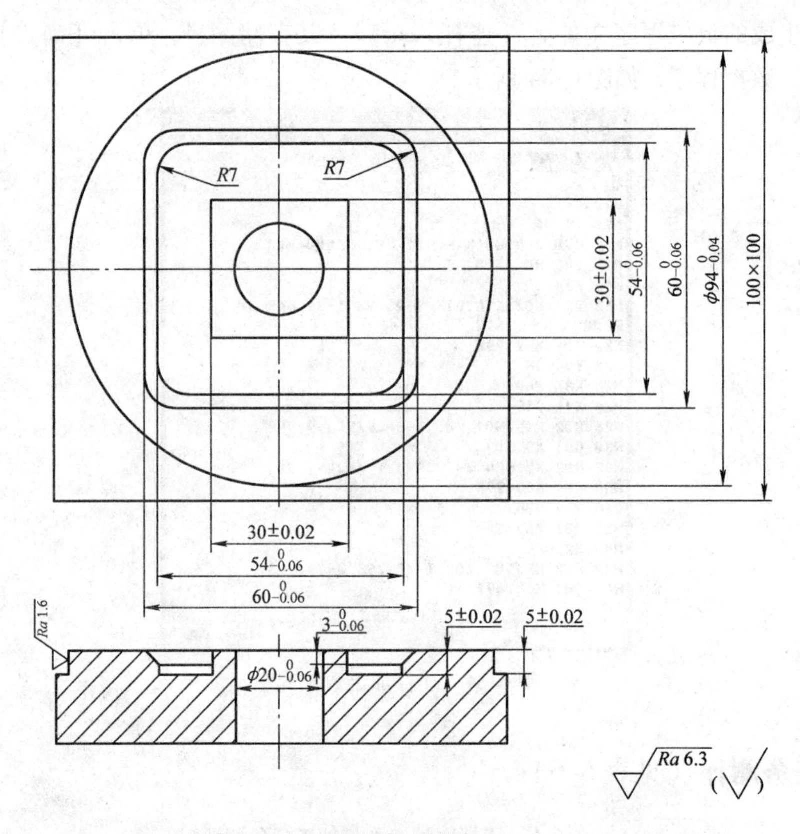

图 6-85　题图

任务六　复杂零件的造型与加工

一、学习目标

能力目标：利用所学知识完成复杂零件的实体造型与加工。

知识目标：巩固实体造型、加工参数设置方法。

二、任务布置

完成图 6-86 所示复杂零件的实体造型与加工。

三、任务实施

1. 零件的造型

根据零件的造型及其视图，可以分析出零件主要包括底部的托板、椭圆凸台（带拔模）拉伸体、凸台中的旋转除料、两个方形凸台和两个沉头孔。其中，底部的托板、基本拉伸体和两个凸台通过拉伸草图来得到；凸台上的凹坑使用旋转除料来生成；基本拉伸体上表面的凹坑先使用等距实体边界线得到草图轮廓，然后使用带有拔模斜度的拉伸减料来生成。

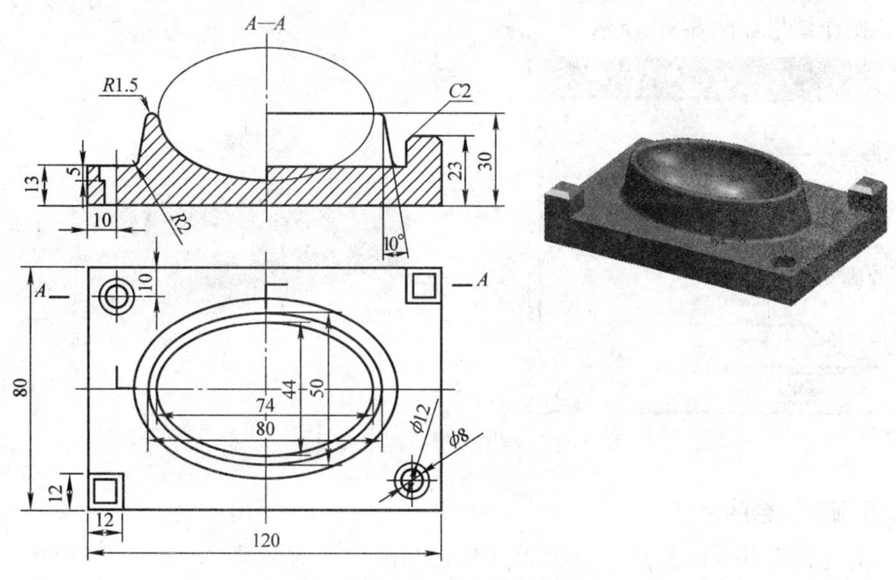

图 6-86　复杂零件图

（1）底板的造型　单击零件特征树中的【平面 *XOY*】，选择 *XOY* 面为绘图基准面。单击【绘制草图】按钮，进入草图绘制状态。绘制长 120mm、宽 80mm 的矩形，单击【拉伸增料】设置相关参数，如图 6-87 所示，即可生成底板，如图 6-88 所示。

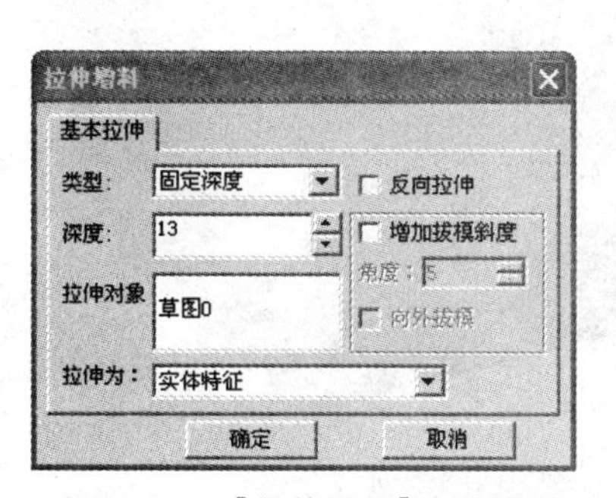

图 6-87　【拉伸增料】对话框

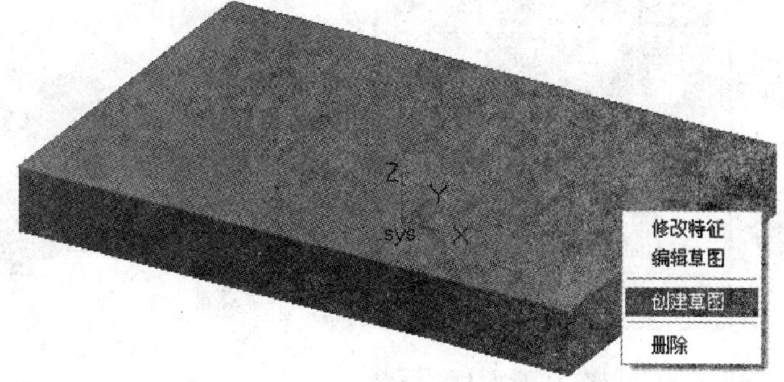

图 6-88　底板

（2）两个正方形小凸台的造型　拾取底板实体上表面作为草图平面，绘制两个小的正方形。用两点方式绘制矩形，捕捉长方形的角点，另一点坐标用增量表示为（@ 12，12）或（@ −12，−12），完成后如图 6-89 所示。单击【拉伸增料】设置相应参数，拉伸深度

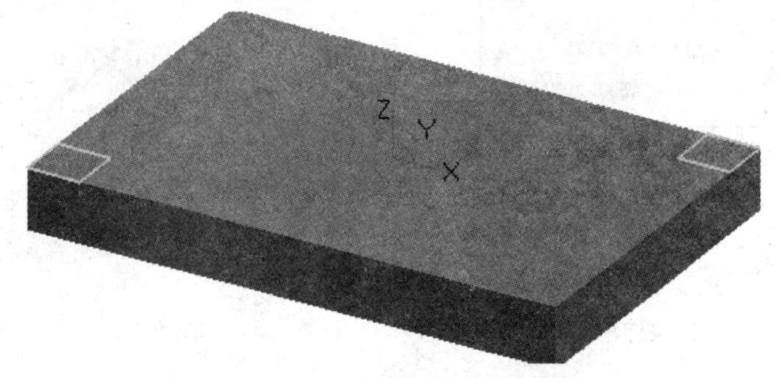

图 6-89　正方形小凸台造型

为 10mm，操作结果如图 6-90 所示。

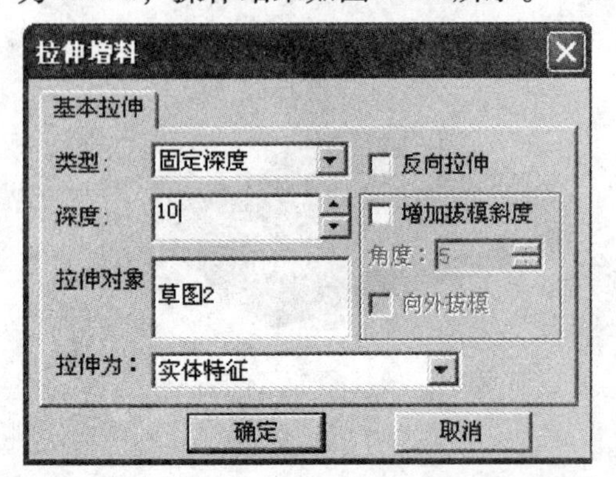

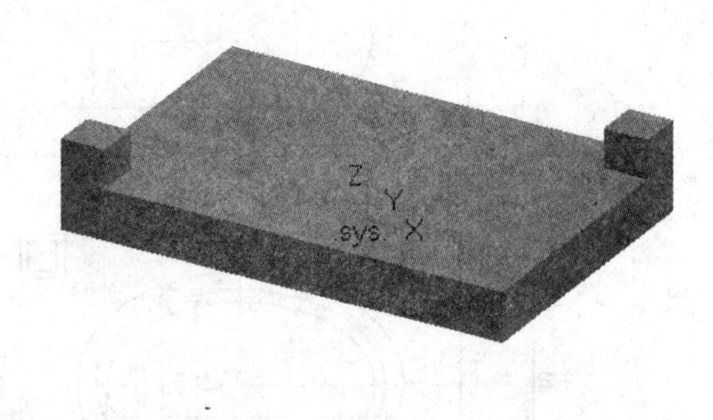

图 6-90　小正方形拉伸增料设置

（3）椭圆形凸台的造型

1）单击【构造基准面】按钮，弹出【构造基准面】对话框，如图 6-91 所示。构建一个平行于 *XY* 平面，与其距离 30mm 的构图平面，如图 6-92 所示。

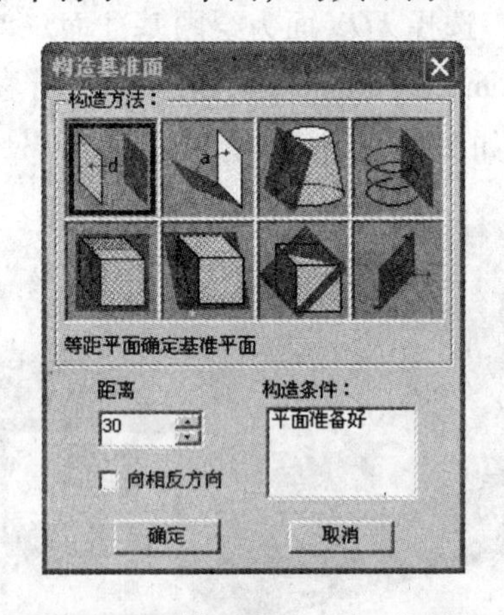

图 6-91 【构造基准面】对话框　　　　图 6-92　构图平面

2）绘制长半轴为 40mm、短半轴为 25mm 的椭圆，单击【拉伸增料】按钮，设置相关参数，如图 6-93 所示，得到的椭圆形凸台如图 6-94 所示。

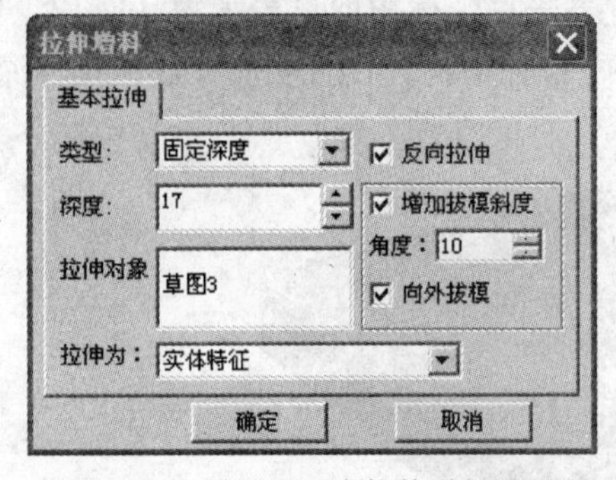

图 6-93　椭圆形凸台拉伸增料设置

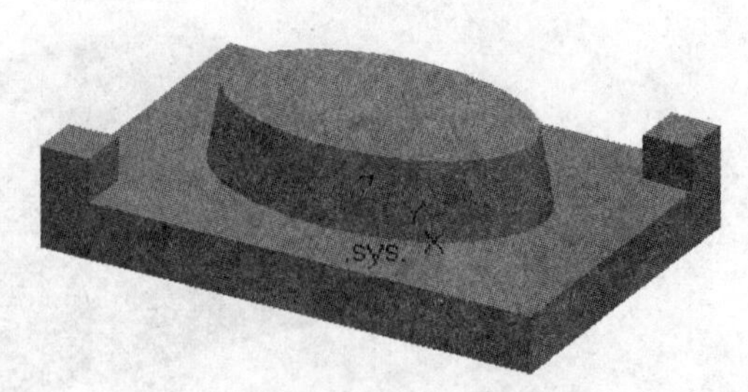

图 6-94　椭圆形凸台

（4）构建凹坑，旋转除料

1）选取 XZ 平面作为构图平面，绘制长半轴为 37mm，短半轴为 22mm 的椭圆，如图 6-95所示；再绘制一条水平线作为旋转轴。

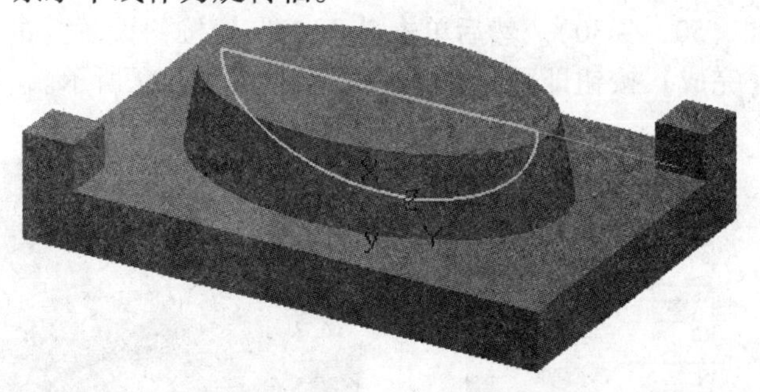

图 6-95 绘制长半轴为 37mm，短半轴为 22mm 的椭圆

2）单击【旋转除料】按钮，依次拾取草图、轴线，完成旋转除料，如图 6-96 所示。

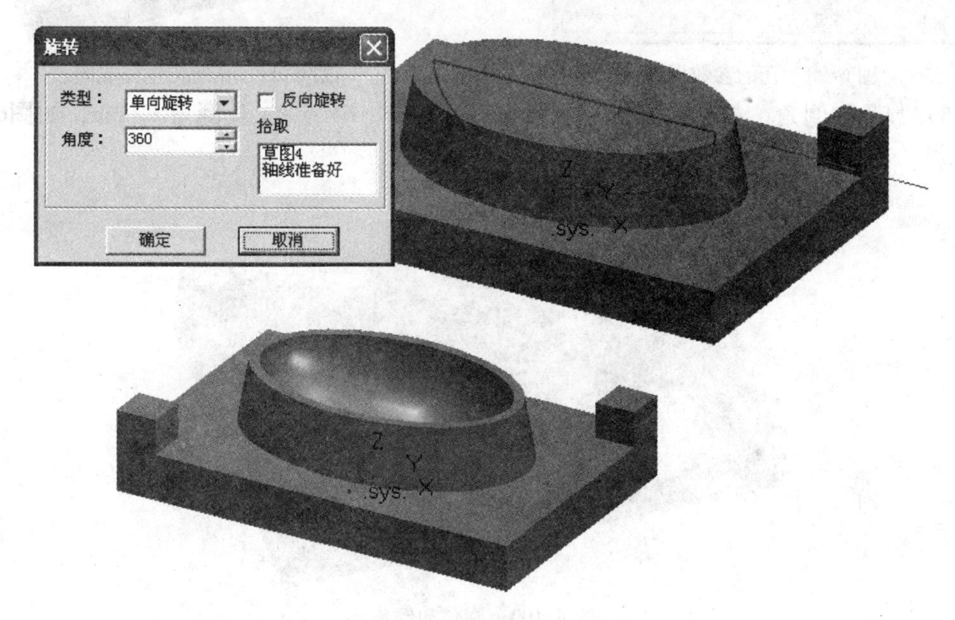

图 6-96 旋转除料

（5）创建两个沉头孔

1）单击【打孔】按钮，弹出【孔的类型】对话框，如图 6-97 所示。

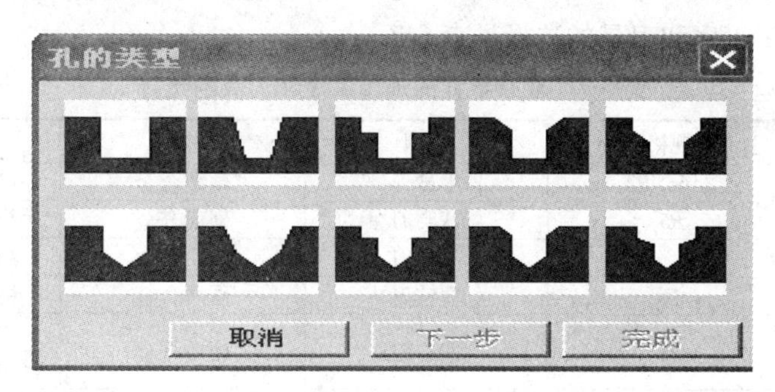

图 6-97 【孔的类型】对话框

2）当系统提示“拾取打孔平面”时，单击长方体上表面；当系统提示“选择孔型”时，在对话框中单击沉头孔；当系统提示“指定孔的定位点”时，按回车键输入孔的位置坐标（-50，30）和（50，-30）。然后单击【下一步】按钮设置孔的参数，如图6-98所示，设置完成单击【完成】按钮即可完成孔的构建，如图6-99所示。

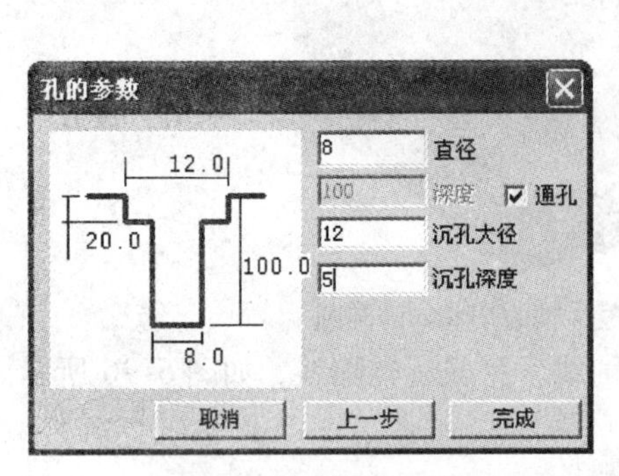

图6-98　孔的参数设置

图6-99　孔的构建完成图

（6）圆角和倒角　根据图样要求，倒圆角 $R2$mm、$R1.5$mm 及倒角 $C2$mm，如图6-100所示。

图6-100　圆角和倒角

2. 零件的加工

因本零件除中间凸台上的凹槽部位是非平面外，其他部位均为平面，所以中间凹槽位置使用三轴刀路进行加工，其他特征均可以使用CAXA制造工程师软件的二轴刀路方法完成加工。

复杂零件的加工工序和刀具的选择见表6-7。

表6-7　复杂零件的加工工序和刀具的选择

工序	刀具规格/mm	类型	材料	加工内容
1	$\phi16$，$R2$	牛鼻刀	硬质合金	粗加工内、外形
2	$R5$	球头刀	硬质合金	精加工内凹椭圆球面
3	$\phi16$，$R2$	牛鼻刀	硬质合金	精加工椭圆外锥面
4	$\phi6$	立铣刀	硬质合金	精加工方形凸台轮廓
5	$R5$	球头刀	硬质合金	精加工方形凸台 $C2$ 斜面
6	$\phi6$	钻头	高速钢	钻 $\phi8$mm 底孔
7	$\phi6$	立铣刀	硬质合金	精加工 $\phi8$mm、$\phi12$mm 孔

（1）轨迹生成前的各项设置

1）单击【加工管理】按钮，设置毛坯参数，如图 6-101 所示；设置起始点，如图 6-102所示。

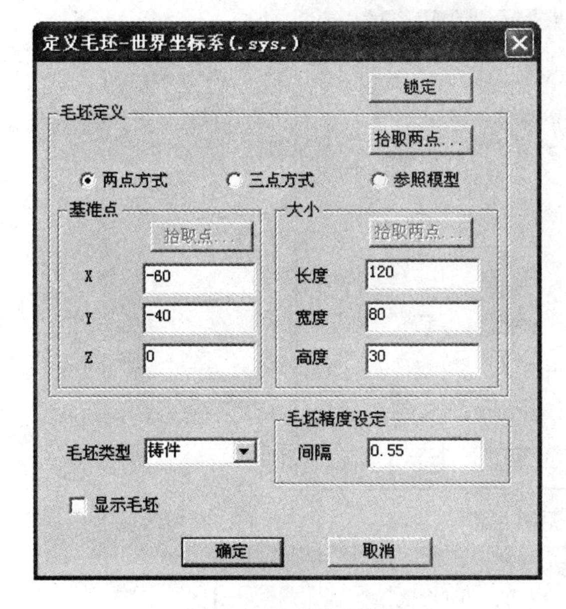

图 6-101　毛坯设置

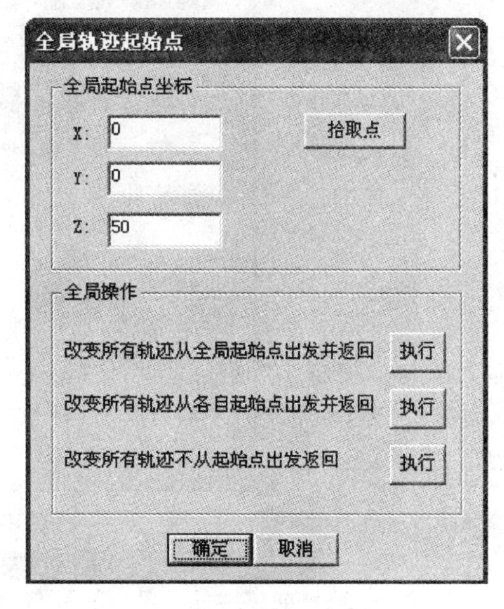

图 6-102　起始点设置

2）单击【加工管理】按钮，设置机床后置，如图 6-103 及图 6-104 所示。

3）单击【加工管理】→【刀具库】，对所需刀具进行设置，如图 6-105 所示。

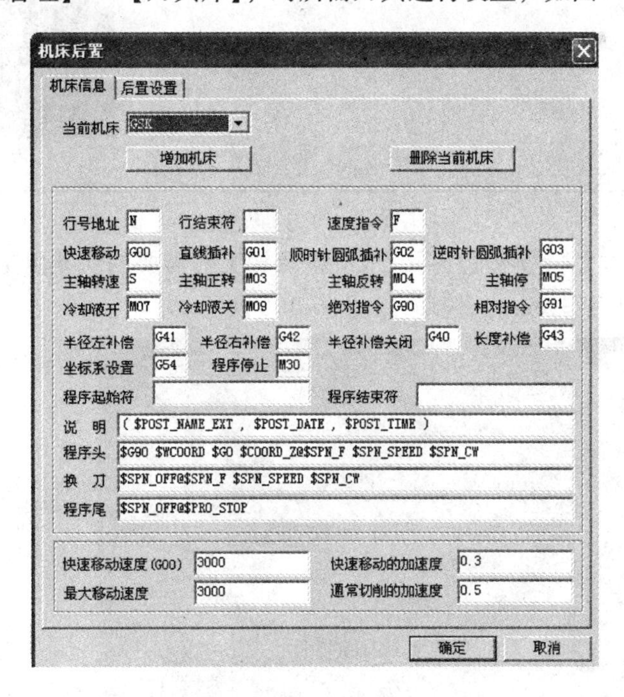

图 6-103　机床参数设置

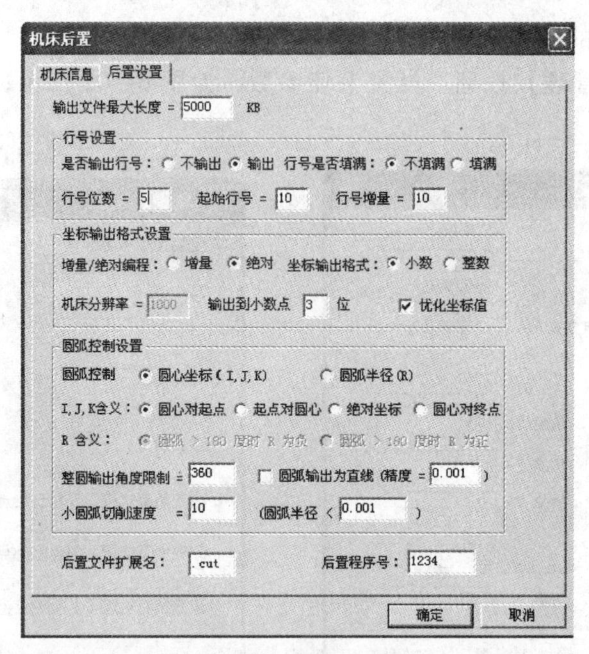

图 6-104 后置设置

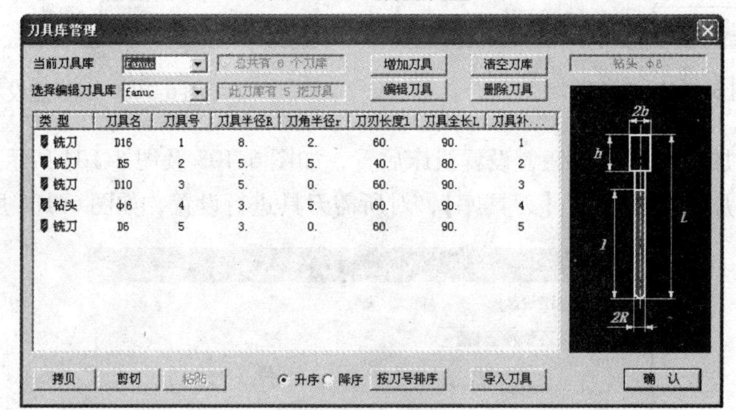

图 6-105 刀具设置

4）使用【相关线】、【实体边界】，依次拾取加工时需要的实体以生成边界线。为方便加工，拾取椭圆边界后作 5mm 的偏移，如图 6-106 所示。

图 6-106 加工边界设置

（2）用等高线粗加工方式粗加工内、外型腔

1）单击【粗加工】中的【等高线粗加工】，选用 ϕ16mm、R2mm 的 1 号牛鼻刀，参数设置如图 6-107 所示。

2）【切入切出】选择螺旋方式，避免因刀具直接在工件上下刀而损坏刀具，参数设置如图 6-108 所示。

3）参数设置好后单击【确定】按钮，拾取被加工实体，单击右键确认后即可生成内、外型腔粗加工刀具轨迹，如图 6-109 所示。

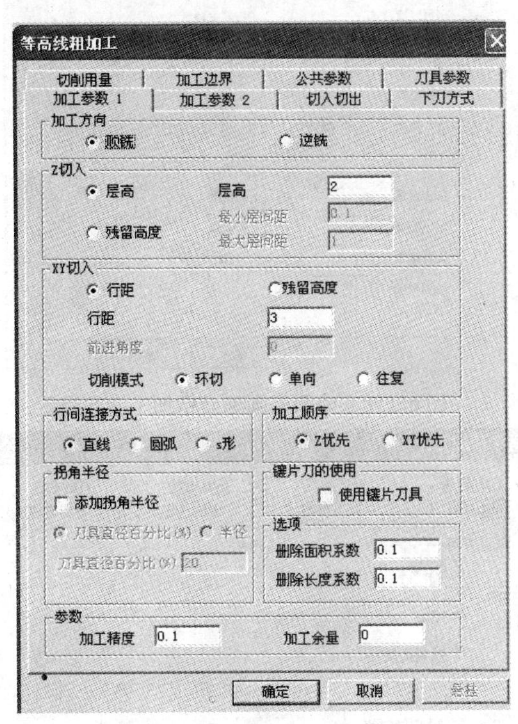

图 6-107　内、外型腔粗加工参数设置

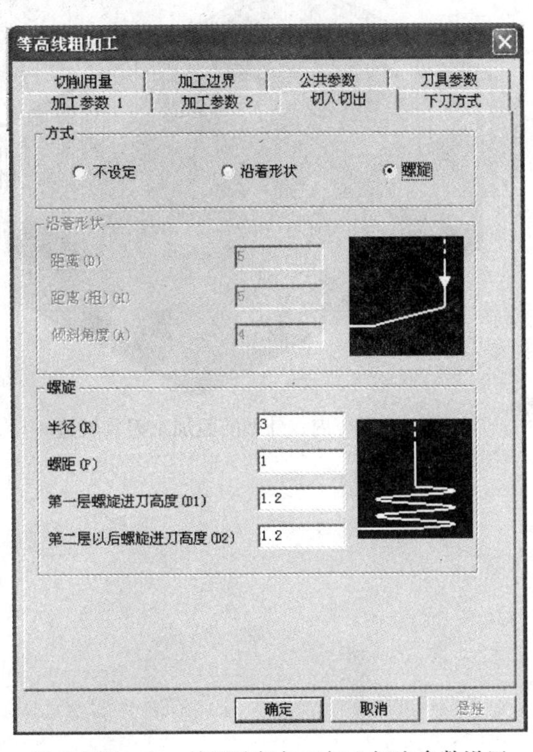

图 6-108　内、外型腔粗加工切入切出参数设置

（3）选用 R5mm 的球头刀，采用曲面区域式精加工方式，精加工内凹椭圆球面

1）单击【精加工】中的【曲面区域精加工】，参数设置如图 6-110 所示。

2）参数设置好后单击【确定】按钮，拾取被加工实体，拾取轮廓时选择前面构建的实体边界的椭圆形，单击右键确认后即可生成内凹椭圆球面精加工刀具轨迹，如图 6-111 所示。

（4）选用 ϕ16mm、R2mm 的牛鼻刀，采用等高线精加工方式精加工椭圆外锥面

1）单击【精加工】中的【等高线精加工】，参数设置如图 6-112 所示。

2）参数设置好后单击【确定】按钮，拾取被加工实体，拾取加工边界时依次拾取偏移 5mm 的外椭圆和内椭圆，单击右键确认后即可生成椭圆外锥面精加工刀具轨迹，如图 6-113 所示。

（5）选用 R5mm 的球头刀采用轮廓线精加工方式，精加工两个凸台外轮廓

1）单击【精加工】中的【轮廓线精加工】，参数设置如图 6-114 所示。

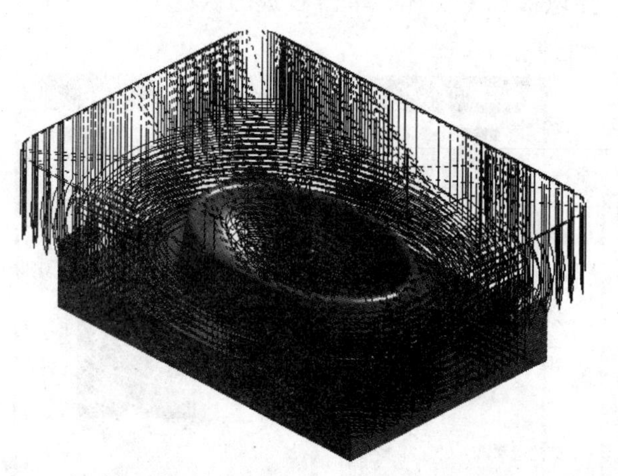

图 6-109　内、外型腔粗加工刀具轨迹

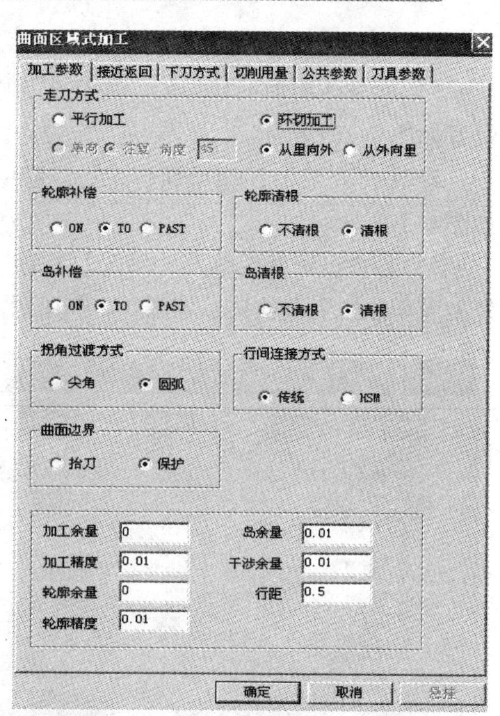

图 6-110　内凹椭圆球面精加工参数设置

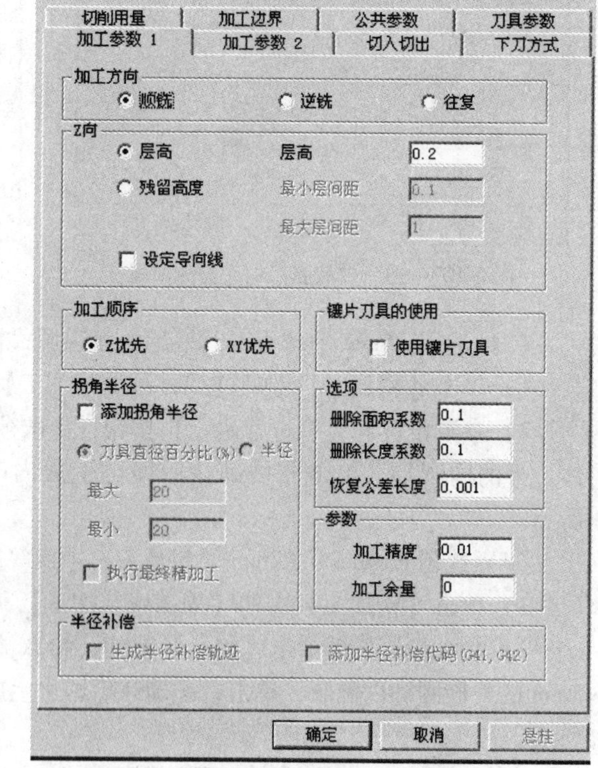

图 6-111　内凹椭圆球面精加工刀具轨迹

图 6-112　椭圆外锥面精加工参数设置

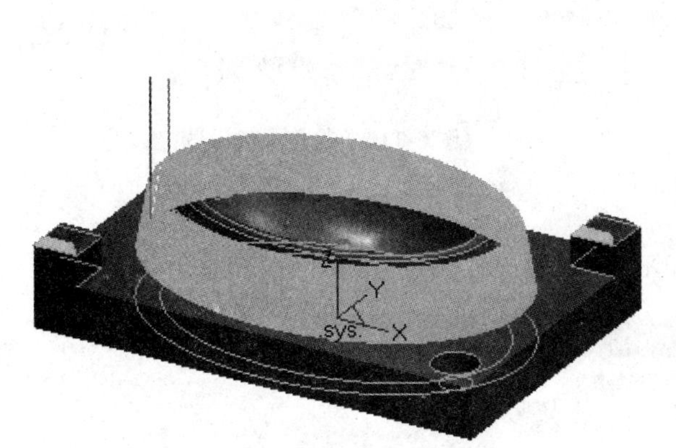

图 6-113　椭圆外锥面精加工刀具轨迹

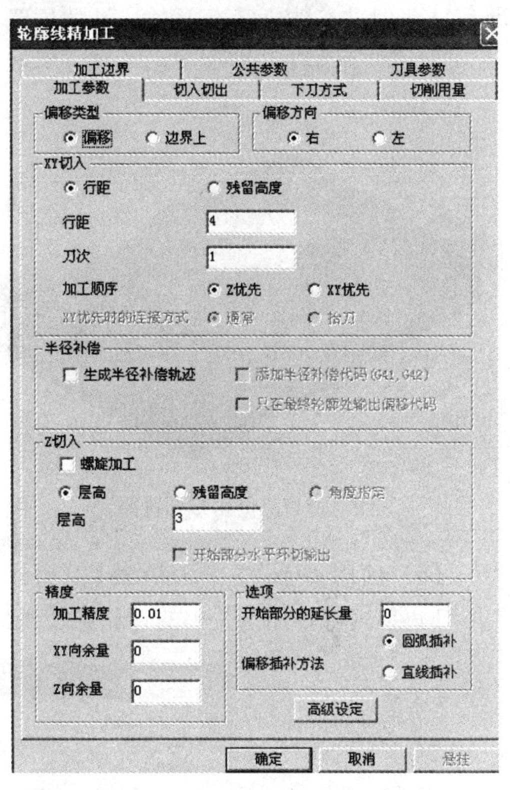

图 6-114　凸台外轮廓精加工参数设置

2）参数设置好后单击【确定】按钮，拾取被加工实体，拾取凸台的实体边界线作为轮廓线，生成凸台外轮廓精加工刀具轨迹如图 6-115 所示。

（6）选用 ϕ16mm、R2mm 的牛鼻刀采用等高线精加工方式对凸台倒角 C2mm

1）单击【精加工】中的【等高线精加工】，参数设置如图 6-116 所示。

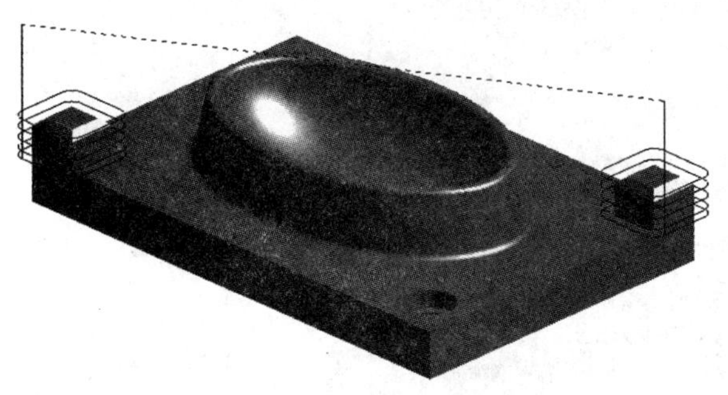

图 6-115　凸台外轮廓精加工刀具轨迹

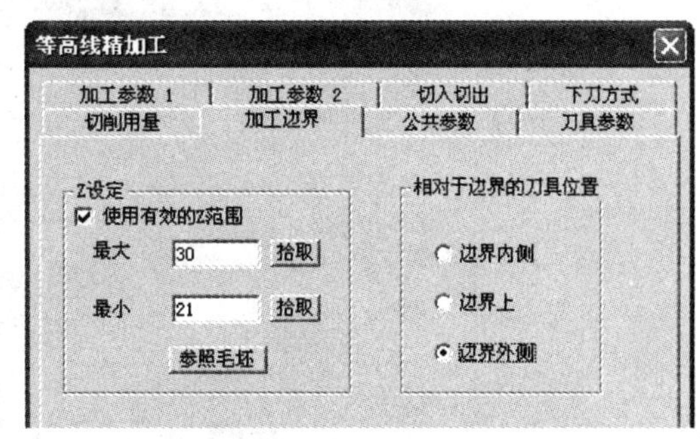

图 6-116　加工边界设置

2）参数设置好后单击【确定】按钮，拾取被加工实体，拾取凸台的实体边界线作为轮廓线，生成倒角刀具轨迹，如图 6-117 所示。

（7）使用 ϕ6mm 的钻头钻台阶孔　单击【其他加工】中的【孔加工】，在打开的【孔加工】对话框中设置加工参数，如图 6-118 所示。设置好后单击【确定】按钮，当系统提

示“拾取点”时按回车键后输入孔的位置坐标（-50，30）和（50，-30），或者拾取圆心即可完成钻孔加工。

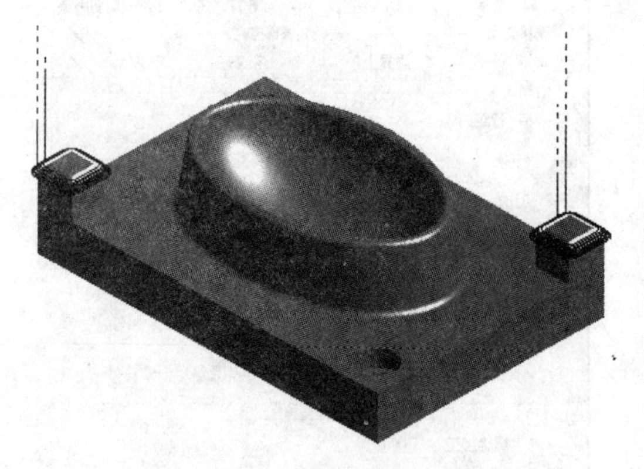

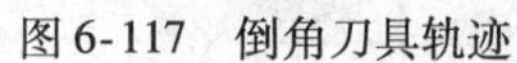
图6-117　倒角刀具轨迹

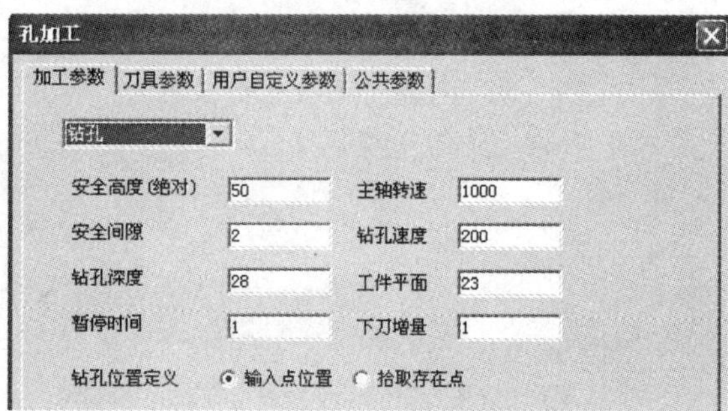

图6-118　钻孔参数设置

（8）使用 ϕ6mm 立铣刀精加工沉头孔

1）单击【精加工】中的【轮廓线精加工】，设置加工参数，如图6-119所示。

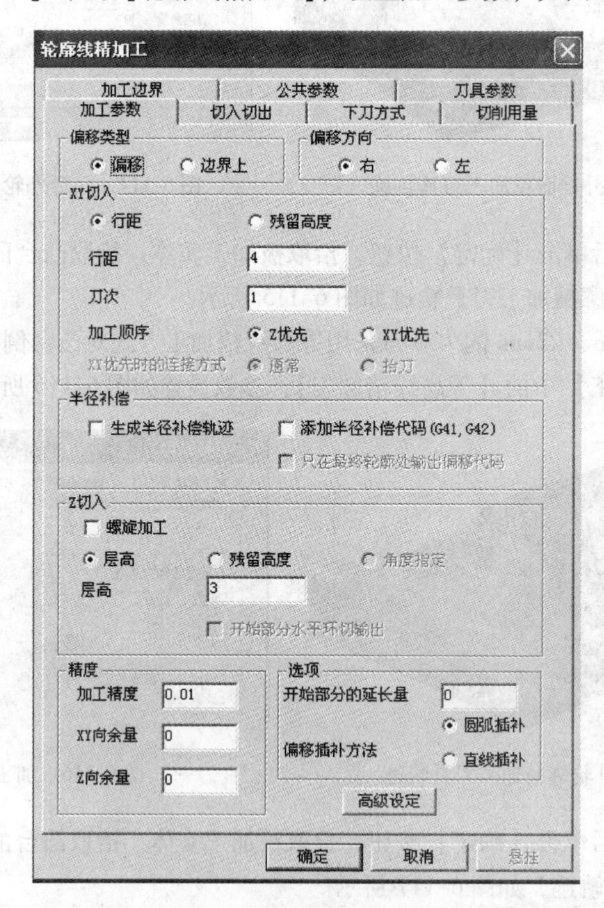

图6-119　沉头孔精加工参数设置

2）设置具体的下刀方式，如图 6-120 所示；设置加工边界，如图 6-121 所示。

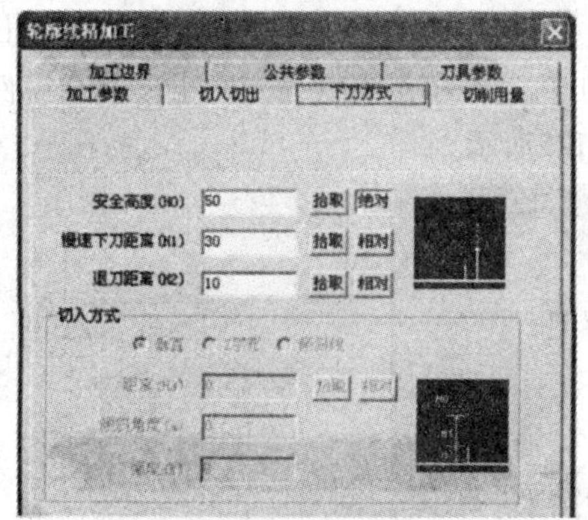
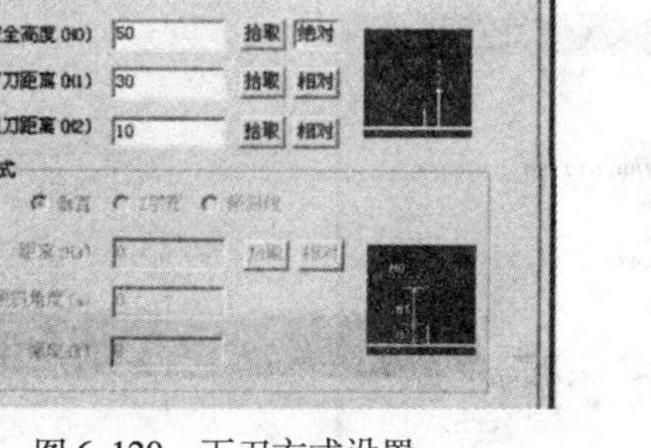

图 6-120　下刀方式设置

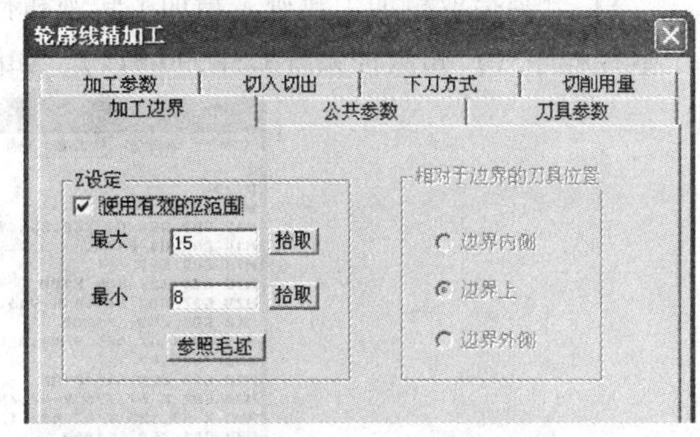

图 6-121　边界设置

3）参数设置好后单击【确定】按钮，拾取被加工实体，拾取孔的实体边界线圆，生成沉头孔的精加工刀具轨迹，如图 6-122 所示。

4）用同样的方法完成 ϕ8mm 孔的加工，设置最大深度为 15mm，最小深度为 -3mm。

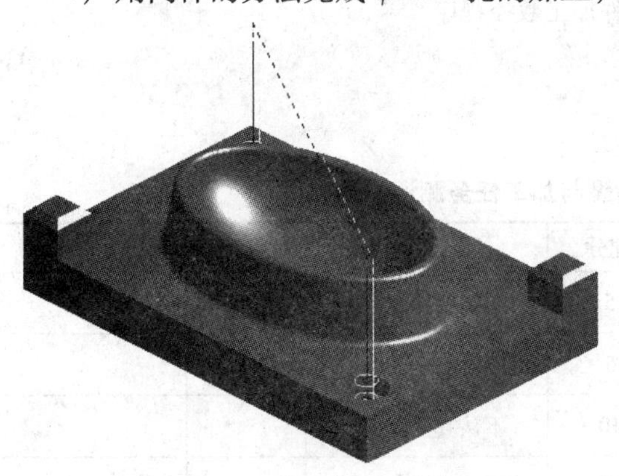

图 6-122　沉头孔精加工刀具轨迹

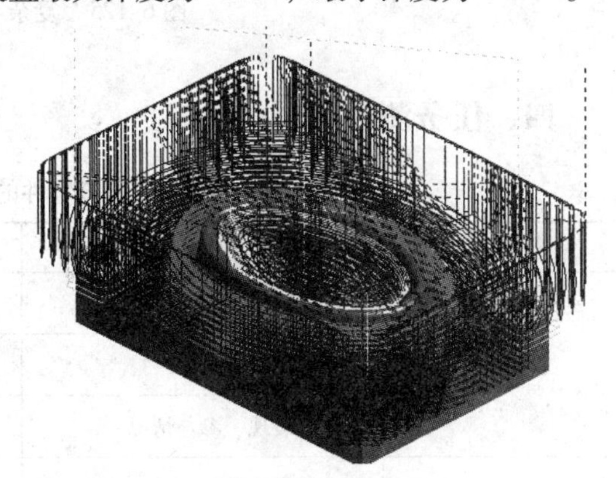

图 6-123　刀具轨迹

3. 实体轨迹仿真及生成数控程序

1）单击【加工管理】中的【刀具轨迹】，选择【实体仿真】，生成的刀具轨迹如图 6-123所示。单击【仿真加工】按钮，得到的实体如图 6-124 所示。

图 6-124　仿真加工

2）单击【加工】→【后置处理】→【生成G代码】，在弹出的【选择后置文件】对话框中输入要生成的数控程序文件名（NC0011. cut）及其存储路径，按【确定】按钮退出。

3）分别拾取粗加工轨迹、精加工轨迹和补加工轨迹，单击右键确定，生成复杂零件加工数控程序（广州数控系统GSK990M11），如图6-125所示。

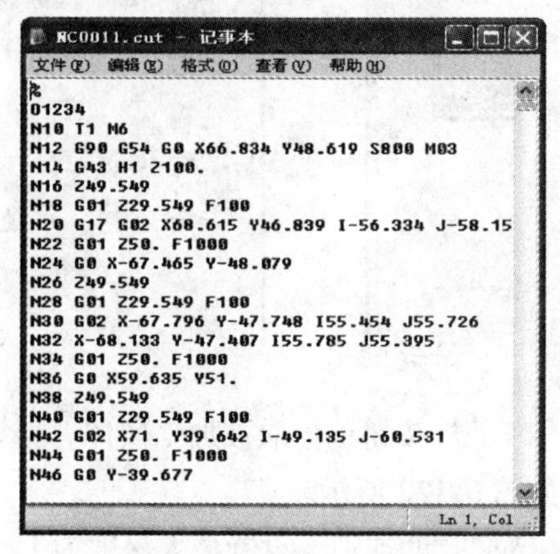

图6-125 复杂零件加工数控程序

四、任务测评（见表6-8）

表6-8 复杂零件的造型与加工任务测评

项目	要求	配分	评分标准	自我评价	小组评价
课堂纪律	准时到达机房	5	迟到全扣		
	学习用具齐全	5	不合格全扣		
	课堂表现、参与情况	10	不认真全扣		
CAXA数控铣床自动编程学习情况	构建实体模型	10	不正确全扣		
	设置毛坯	10	不正确全扣		
	设置刀具参数	10	不正确全扣		
	设置加工参数	10	不正确全扣		
	实体仿真	10	不正确全扣		
	生成后置处理程序	10	不正确全扣		
安全文明	正确操作设备	10	不合格全扣		
	清洁卫生	10	不合格全扣		

五、强化训练

完成图6-126所示零件的造型与加工。

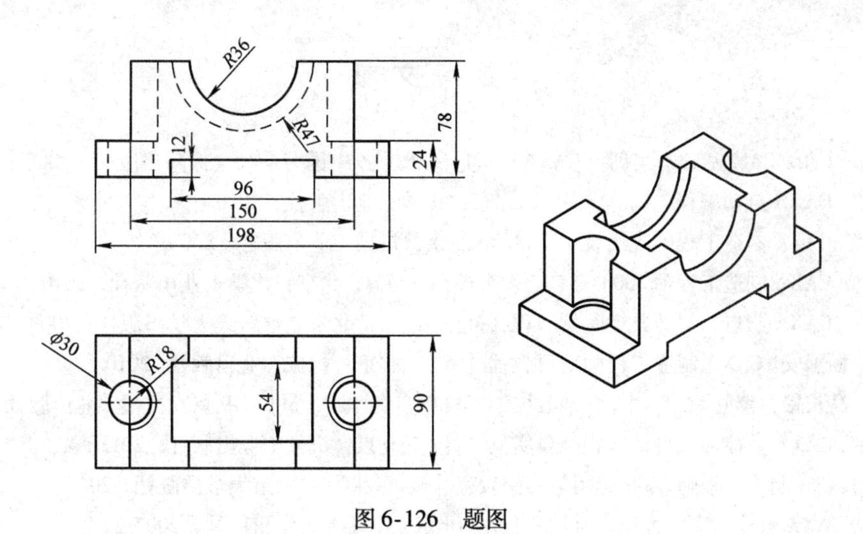

图 6-126　题图

参考文献

[1] 陆素梅. CAD/CAM 基础与实训（CAXA）[M]. 北京：中国劳动社会保障出版社，2008.

[2] 汪建安. CAXA 自动编程与训练 [M]. 北京：化学工业出版社，2010.

[3] 关雄飞. CAXA 制造工程师应用技术 [M]. 北京：机械工业出版社，2008.

[4] 姬彦巧. CAXA 制造工程师 2008 与 CAXA 数控车 [M]. 北京：化学工业出版社，2010.

[5] 鲁君尚. CAXA 制造工程师典型案例教程 [M]. 北京：北京航空航天大学出版社，2008.

[6] 罗军，杨国安. CAXA 制造工程师项目教程 [M]. 北京：机械工业出版社. 2010.

[7] 刘江，高长银，黎胜荣. CAXA 多轴数控加工典型实例详解 [M]. 北京：机械工业出版社，2011.

[8] 浦艳敏. CAXA 数控加工自动编程经典实例 [M]. 北京：机械工业出版社，2013.

[9] 周玮. CAXA 制造工程师 2008 应用与实例教程 [M]. 北京：北京大学出版社，2010.

[10] 范悦. CAXA 数控车实例教程 [M]. 北京：北京航空航天大学出版社，2007.

[11] 王卫兵，王金生. UG NX 8 数控编程学习情境教程 [M]. 北京：机械工业出版社，2012.